내 삶에 유연하게 대처하는 법

다미주신경 이론

자율신경계와 몸의 내적 능력을 계발하는 신경 연습

내 삶에 유연하게 대처하는 법

다미주신경 이론

Polyvagal Theory

뎁 다나 지음
박도현 옮김

불광출판사

나의 다미주신경 가족에게

"뎁 다나는 일반인을 위해 명확하고 간결한 언어로 스티븐 포지스의 유명한 다미주신경 이론을 소개한다. 간단한 실습을 통해 자율신경계를 이해하고 그것과 친구가 되는 법을 알려 준다. 이를 통해 자기 자신 그리고 세상과 연결되는 치유 능력을 기를 수 있도록 안내한다."

_ 가보 마테(의사, 트라우마·중독·ADHD·육아 분야 권위자)

"트라우마 치료의 대가이자 임상 훈련사인 뎁 다나는 신경지와 자율신경계 등 난해한 과학을 누구나 쉽게 이해할 수 있는 상식적인 언어로 풀어내는 것으로 이미 잘 알려져 있다. 우리는 이야기, 행동, 느낌, 체화된 감각을 통해 안전과 연결 그리고 웰빙의 편안한 공간으로 들어갈 수 있다. 이 책에서 뎁은 오늘날 치유와 성장에 관한 패러다임의 초점을, 모든 개인적인 투쟁과 그것에 관한 이야기를 만들어 내는 인간 신경계의 (재)활동으로 전환한다. 안전과 위험의 신호에 대한 우리의 자동 반응을 알아차리게 하고, 신경계와 친구가 되고, 신경계를 변화시키고 재형성하는 데 도움이 되는 풍부한 탐구와 실습을 제공한다. 생생한 사례를 통해 우리를 안전, 연결, 웰빙으로 안내한다. 자신의 신경계에 깊이 닻을 내리게 하는 이 현명한 지침에 감사한다."

_ 린다 그레이엄(심리치료사, 신경과학 및 마음챙김 전문가)

"이 책은 우리가 삶과 사랑의 신비한 경이로움에 더 깊이 몰입할 수 있도록 신경계와 친구가 되는 법을 알려 주는 아름답고 서정적인 안내서이다. 뎁 다나는 놀랍도록 복잡하고 적응력이 뛰어난 신경계의 안내에 따라, 어떻게 우리가 안전한 연결 상태와 보호 상태를 오가는지를 설명하는 신경과학을 일상적인 단어와 경험으로 우아하게 옮겼다. 이 사랑스러운 책은 풍부한 예시와 간단하고 명료한 실습으로 가득하다. 이를 통해 우리 신경계가 오래된 이야기를 현실에 반영하거나 새로운 이야기를 만들어 낼 때, 우리 몸에서 일어나는 미묘한 변화에 호기심을 가지고 그것을 알아차릴 수 있도록 지원한다. 이 책을 읽는 독자들은 자신을 가로막는 보호 패턴을 인식하고, 깊은 사랑과 삶에 정기적으로 닻을 내리는 법을 배우게 될 것이다."

_ 캐시 스틸(국제 트라우마 및 해리 연구학회 전 회장)

추천사

나는 이 책을 읽으면서, 우리 신경계가 사회적 행동을 위한 신경 기틀을 마련하고 상호조절의 이로움을 얻기 위해 어떻게 자원을 조절하는지를 설명하는 뎁 다나의 인상적인 비유에 또 한번 감탄했다. 뎁은 다미주신경 이론(Polyvagal Theory)에 포함된 복잡한 신경생리학적 구성 요소를 쉬운 언어로 옮김으로써 자신의 지적이고 통찰력 있는 재능을 나누고 있다. 단어를 시각화해 연결하고, 시각화한 것을 신체적 느낌과 연결하는 그녀의 작업은 언어적 기술을 뛰어넘어 효과적으로 신체적 느낌을 자각하게 한다. 이런 방법으로 뎁은 독자들이 안전하게 자신의 몸으로 돌아갈 수 있는 기술을 가르친다.

다미주신경 관점에서 뎁은 신경계의 항상성 기능을 더 효율적으로 지원하는 구조화된 신경 연습을 통해 능숙하고 효과적으로 독자들을 건강, 성장, 회복으로 이끈다. 더 간단히 말하면 위협을 감소시키고 자발적인 사회 참여를 가능하게 하는 신경 연습을 설명한다. 이것들이 결합해 상호조절과 체화를 향한 유동적인 길을 만들어 내고, 그 결과로 정신과 신체의 건강을 모두 지원하는 더 탄력적인 신경계가 만들어진다.

이 책을 읽으면서 나는 신체 내부와 개인 간 의사소통 전략 사이의 유사성에 주목하게 되었다. 조절되고 자원화된 신경계는 자발적으로 방어 반응을 감소시키는 반면, 만성적인 위협 상태에 있는 신경계는 사회 참여의 기회를 감소시키기에 이들은 상호의존적인 상호조절이다. 다행스럽게도 진화의 역사를 거치면서, 우리는 사회적 포유동물로서 안전의 신경지를 통해 위협 반응을 감소시킬 수 있는 방법을 배웠다. 그러나 여기에 접근하는 일은 개인의 신경계 상태에 크게 영향을 받는다. 자율신경계에 충분한 자원이 있다면 탄력 있고 자발적인 사회 참여와 상호조절로 이어지는 안전 상태로 보다 쉽게 들어갈 수 있다. 반대로 방어적인 상태에 갇혀 있으면 안전감을 느끼기가 어려울 수 있다.

원서의 제목인 '닻(Anchored)'은 개인적인 자원(예를 들어 신경계, 자기개념)의 개념 안에서 안전한 장소에 대한 시각화를 만들어 내기 위해 뎁이 사용한 훌륭한 비유이다. 이는 회복탄력성, 내적 자기조절, 다른 사람들과의 상호조절이라는 속성을 가진 개인의 체화 여정에 도움이 된다. 다만 이 여정을 위해서는 기능적으로 다음과 같은 준비가 필요하다. 첫째, 안전과 위험 그리고 생명을 위협하는 느낌에 관련된 신경생리학적 회로를 알아야 한다. 둘째, 무의식적으로 위험과 안전의 신호를 감지하는 신경지의 힘을 알아차려야 한다. 셋째, 시각화와 경험을 통해 자율신경 상태의 변화를 알아차려야 한다. 이 과정을 종합적으로 보면 신경 연습으로 개념화할 수 있는데, 이를 통해 더 큰 회복탄력성을 끌어내 더 큰 자기인식과 자기조절을 기를 수 있다.

나는 최근 논문에서 다미주신경 이론을 '비사회적 파충류로부터 진화한 사회적 포유동물에게서 기능적으로 나타나는, 사회성을 향한 계통발생학적 여정에 대한 과학적 외삽법(Extrapolation)'으로 규정했다. 이 여정에서 사회성을 위한 신경생리학적 통로는 안전을 감지하고 반사적으로 방어를 감소시키는 효과적인 메커니즘이 필요했다. 기본적으로 사회성 기저에 있는 신경 메커니즘은 공격적이거나 순종적인 위협 반응에서 벗어나 상호조절에 대한 접근을 가능하게 하고, 상호조절의 기회를 증가시키는 생리적 활동으로의 신속한 전환을 가능하게 한다. 과학자이자 다미주신경 이론의 창시자로서 이론을 설명하고 정립하는 나의 이야기는 진화를 거듭하고 있다. 특히 트라우마 치료에서 치료사들이 내담자들의 경험과 관련해 다미주신경 이론의 중요성을 빠르게 파악한 데 비해 나는 트라우마 및 기타 정신건강 치료에서 그 중요성을 조금 늦게 이해했다. 나는 임상 실습과 트라우마 생존자의 개인적인 이야기를 변화시키는 작업에서 다미주신경 이론의 중요성을 새롭게 배워야 했다.

뎁 다나는 임상 과정과 일상의 사회적 상호작용에서 다미주신경 이론의 역할을 내게 알려 준 사람이자 통찰력과 표현력을 갖춘 치료사 중 한 명이다. 그녀는 다미주신경 이론을 신속하게 받아들였으며, 독특한 통찰력과 의사소통 능력을 바탕으로 치료사는 물론 일반인이 일상적인 사회적 상호작용에서 자신의 역할을 이해는 지도로써 이 이론에 쉽게 다가설 수 있게 했다. 뎁은 사건이 아닌 몸의 느낌이 트라우마 경험의 핵심이라고 표현했다. 그녀의 작업은 다미주신경 중심 치료(Polyvagal Informed Therapy)가 기능하는 핵심 주제에 초점을 맞추고 있다.

다미주신경 중심 치료는 치료의 초점을 트라우마 사건에서 몸의 감각으로 전환한다. 이는 트라우마가 어떻게 치료되고 생존자의 신경계에 깊이 새겨지는지에 대한 중요한 이론적 변화이다. 기초적인 수준에서 다미주신경 이론은 생리적 상태가 단서와 맥락에 대한 우리의 반응성을 결정하는 개입 변수를 형성한다는 점을 강조한다. 요컨대 사건으로서의 트라우마가 결과의 주요 결정 요인이 아니라는 점을 강조한다. 대신 결과의 주요 결정 요인인 위협 반응을 지원하는 자율신경계의 신경학적 조절에 대한 재조정을 강조한다. 즉 트라우마 사건의 중요성을 배제하지 않으면서 일반적인 트라우마 경험의 결과에서 개인차를 인정하는 것이다. 트라우마에 대한 다미주신경의 관점은, 부정적 아동기 경험(Adverse Childhood Experiences, ACEs) 같은 척도를 강조하고 외상 후 스트레스 장애(PTSD)의 개념화에서 특정 사건을 인과관계로 식별하는 데 중점을 두는 역학 연구와는 초점이 다르다. 이런 전략은 트라우마를 재정의하고 그것을 개인 내에 존재하는 것에서 외적 사건으로 옮겨 가게 한다.

보통의 현대 역학 모델은 관련 사건을 트라우마, 스트레스, 심각한 학대에 따라 연속선상에서 양적으로 평가할 수 있다고 가정한다. 그러나 다미주신경 이론은 외적 사건 대신 위협에 취약하거나 회복력을 가진, 개입하는 신경계로 논의를 전환한다. 개인이 취약한 상태에 있으면 더 낮은 강도의 사건도 신경 기능을 방해할 수 있다. 신경계의 항상성을 지원하는 상태에서 자율신경계의 불안정을 반영하는 취약한 상태로 전환되어 결과적으로 동반 질환을 유발할 수 있다는 것이다. 반대로 신경계가 회복력을 갖추고 있으면 고강도 사건의 영향을 기능적으로 완화할 수 있다. 다미주신경 이론은 트라우마 사건 이후 자율신경계에서 벌어지는 중요한 재조정이 트라우마에서 살아남기 위한 적응의 결과라는 점을 시사한다.

개입 변인에 대한 조사 연구를 위해 우리 연구팀은 신체 지각 질문지(Body Perception Questionnaire, BPQ)를 개발했다. BPQ는 자율신경계의 반응성을 평가하는 비교적 간단한 질문지이다. 심리측정학적으로 충분히 검증되었으며, 이 척도를 사용한 여러 연구 결과물이 출판되었다(척도와 점수 정보는 www.stephenporges.com에서 확인할 수 있다). 우리는 불행한 사건 경험의 영향을 매개하는 개입 변인으로서 자율신경 조절의 역할을 기록했는데, 이를 통해 불행한 사건을 경험한 성인이 위협 반응에 맞춰진 자율신경계를 가지고 있으면 더 나쁜 결과가 초래된다는 사실을 밝혀냈다. 이는 최근에 발표된 두 가지 연구로 확인되었다. 하나는 성 기능에 관한 조사였고, 다른 하나는 팬데믹 동안 정신 건강 반응을 조사한 것이었다.

사회성에 대한 강조는 다미주신경 이론을 임상적으로 의미 있는 관점으로 변화시킨다. 25년 전 이론의 초기 원리를 소개할 때만 하더라도 나는 정신 건강보다 기초 의학에 이론을 적용하는 데 핵심을 두었다. 나는 다미주신경 이론이 출산학, 신생아학, 소아과, 심장병학 등 자율신경 기능 이상에 관련된 다양한 의학 전문 분야에서 활용될 것으로 생각했다. 하지만 뎁의 이야기를 듣고 그녀의 응용력과 통찰력을 알게 된 뒤, 다미주신경 이론은 정신 건강 및 신체 건강의 이해와 치료에서 새로운 의미를 갖게 되었다.

포유류의 유산에 대한 이해 없이 우리가 사회적 종(種)이라는 이론의 핵심적인 메시지를 받아들이면 안전하게 존재하고 다른 사람들과 상호조절하기 위한 신경 자원이 부족해진다. 포유류의 유산은 두 가지 독특한 포유류적 특징에 바탕을 두고 있다. 하나는 안전 신호를 반사적으로 감지함으로써 방어 상태를 감소시키는 신경지의 과정이고, 다른 하나는 통합된 사회적 참여 체계를 통해 방어 상태를 진정시키고 안전 신호를 제공하는 배 쪽 미주신경 복합체라는 신경 회로이다. 이러한 유산은 인간의 행동적·심리적 경험을 설명 가능하고 측정 가능한 신경생리학적 메커니즘과 연결하는데, 이로써 정신 건강과 신체 건강을 하나로 묶고 그것들이 서로 독립적이라는 믿음을 해체한다.

이 책은 몸의 안전으로 돌아가는 법에 대한 치료적 문제에 초점을 맞추고 있다. 말하자면 신체적 느낌을 위험한 사건과 연관 짓는 데 익숙한 내적 패턴에서 벗어나 다시금 그 느낌을 알아가는 일에 관한 것이다. 우리는 몸 안에 안전한 닻을 내림으로써 이전에 불안정했던 느낌을 안전하게 탐색할 수 있다. 닻은 아직 몸에 남아 있는 상처를 탐색하고 안전하게 느낄 수 있는 안정성을 제공한다. 이 과정은 치유의 여정을 지원한다. 이를 통해 우리 신경계는 복잡하고 예측할 수 없는 세상을 살아가는 동안 다른 사람들과 연결되고, 위협이 아닌 유머와 흥미진진함을 발견할 수 있을 만큼 충분히 회복력을 갖추게 된다. 이 책에서 뎁은 교육 수준이나 전문지식과 관계없이 모든 사람이 효과적인 신경 연습으로서 명시적인 행동과 내밀한 시각화를 경험할 수 있게 한다. 그녀는 우리가 신경계에 닻을 내리고 내적 안전감으로 이어진 줄을 따라가도록 안내하는 은유적 언어에 통달했다.

_ 스티븐 포지스 박사(정신의학과 교수, 다미주신경 이론 제창자)

차례

5장 신경지 알아차리기

6장 연결과 보호의 패턴 파악하기

9장 이야기 다시 쓰기

10장 자기초월의 경험

11장 신경계 돌보기

12장 공동체 만들기

들어가며

다미주신경 이론은 삶을 사랑하고
삶의 위험에 맞설 충분한 안전감을 제공하는 과학이다.

우리 신경계는 연결을 위해 존재한다. 이것은 다른 사람들과의 관계에서 균형과 안정을 모색하는 사회적 구조물이다. 이에 대해 잠시 생각해 보자. 생명 활동은 우리가 살아가고 사랑하고 일하는 방식을 결정한다. 이제 우리는 개인, 가족, 지역사회 및 전 세계적 웰빙을 위해 이러한 지식을 사용할 수 있는 방법을 갖게 되었다. 이 '방법'을 다미주신경 이론(Polyvagal Theory)이라고 한다. 다미주신경 이론은 1990년대에 스티븐 포지스가 처음 개발했다. 이 이론은 연결의 과학을 설명하는데, 이는 내면의 탐구를 안내하는 신경계 지도와 마음의 평정을 위협하는 도전 한가운데에서도 안전감과 조절로 자기 자신과 서로를 안정시키는 능력을 강화하는 실천 가능한 기술을 제공한다.

나는 2014년부터 포지스 박사와 멘토·공저자·동료·친구로서 협업해 왔으며, 다미주신경 이론의 과학을 임상에 적용하기 위한 언어로 적극적으로 옮겨 왔다. 이 책을 통해 다미주신경 이론을 더욱 깊이 이해시켜서 누구나 쉽게 핵심 개념을 이해하고, 자신의 삶을 영위하고 탐색하는 데 많은 혜택을 누릴 수 있기를 바란다.

이런 사전 작업이 있었음에도 이 책에서 배워야 할 몇몇 새로운 용어가 있다. 신경지(Neuroception), 위계(Hierarchy), 배 쪽 미주신경(Ventral Vagal), 교감신경(Sympathetic), 등 쪽 미주신경(Dorsal Vagal)과 같은 단어가 처음에는 어렵게 느껴질 수 있지만 나는 당신이 기본 어휘에 능숙해지고 신경계의 언어로 말하는 데 익숙해지도록 도울 것이다. 다음 장부터 나는 종종 배 쪽 미주신경을 안전(Safe)이나 연결(Connected) 또는 조절(Regulating)로, 교감신경을 자원 동원(Mobilized) 또는 투쟁-도피(Fight and Flight)로, 등 쪽 미주신경을 단절(Disconnected)이나 작동 중지(Shut Down) 또는 붕괴(Collapsed)라는 단어로 대체할 것이다. 신경계와 친구가 되면 당신 역시 자신만의 단어를 찾을 수 있을 것이다.

인간의 자율신경계는 수천 년에 걸쳐 진화해 왔으며 인간 경험 전반에 걸쳐 공통된 보편적 설계를 기반으로 한다. 자율적이고 자동적으로 기능한다는 의미에서 자율신경계라고 불리는 이 신경계는 내부 장기와 심장박동, 호흡 리듬, 혈압, 소화 및 신진대사를 포함한 신체적 과정을 조절한다. 자율신경계의 역할은 우리가 안전하게 일상의 삶을 살아가도록 에너지를 저장, 보존, 방출하는 것이다.

이 신경계는 예측 가능한 방식으로 작동하며 우리는 이러한 경험을 공유한다. 신경계의 렌즈를 통해 바라보면 우리는 자기 자신, 타인, 세상, 영혼과의 연결을 지원하고 일상을 살아가는 데 필요한 에너지를 제공하는 안전한 상태에 머물려고 노력하고 있음을 알 수 있다. 내부의 생명 활동이 불가사의할 때, 우리는 마치 알 수 없고 설명할 수 없고 예측할 수 없는 경험에 휘둘리는 것처럼 느낀다. 반대로 신경계가 어떻게 작동하는지 알게 되면 그것을 다룰 수 있다. 신경계와 친숙해지는 기술을 익힘으로써 이 필수적인 신경계를 능동적으로 작동시키는 법을 배울 수 있다.

조절된 신경계는 안전하고 편안한 느낌으로 세상을 탐험하는 데 근본적인 역할을 한다. 우리는 모두 하루 동안 여러 가지 문제에 직면한다. 어떤 문제는 비교적 쉽게 해결되지만, 경미한 것에서 트라우마에 이르기까지 우리가 경험의 연속선상 어디에 놓여 있든지 간에 신경계가 어떻게 작동하는지를 이해하는 일이 조절 상태로 되돌아가는 길이 되어 준다. 신경계와 친숙해지고, 상태를 추적하고, 자율신경계의 안전에 닻을 내리는 법을 배우면 일상에서 마주하는 피할 수 없는 도전 거리가 그다지 어렵지 않게 느껴질 것이다. 문제를 잠시 한쪽에 미루어 두고, 주의를 돌려 신경계를 안전하고 연결된 방향으로 조형하는 법을 배우면 다시 문제로 돌아가 새로운 방식으로 그것을 바라볼 수 있다. 조절된 신경계에 닻을 내림으로써 선택의 폭이 넓어지고 희망을 볼 수 있게 된다.

이 책을 사용하는 법

우리가 누구이며 세상을 어떻게 바라보는지에 관한 이야기는 우리 몸에서 시작된다. 뇌가 사고와 언어를 조합하기 전에 신경계는 우리를 경험과 연결로 이동시키기 위한 반응을 시작한다. 투쟁-도피의 활동적인 보호 상태로 우리를 데려가거나 작동 중지와 단절을 통해 우리를 구해 주기도 한다.

이런 신경계와 친숙해지려면 어떻게 해야 할까? 신경계가 가지고 있는 중요한 정보에 귀 기울이고, 개인적인 이야기를 써 내려가는 주체적인 작가가 되기 위해 신경계의 정보를 사용하는 법을 어떻게 배울 수 있을까? 자율신경계와 주의 깊게 만나는 일은 신경계가 작동하는 방식을 이해하고, 행동과 사회적 철회와 연결 사이에서 순간순간 흐름을 따라가는 기술을 익힘으로써 시작된다. 이런 자각을 토대로 새로운 방식으로 신경계를 조형하는 연습을 할 수 있으며 매일 마주치는 일상적인, 때로는 특별한 문제들에 유연하게 대처하는 신경계와 더불어 살아가는 데서 오는 편안함을 즐길 수 있다.

이 책은 자신의 신경계와 친숙해지는 데 도움이 되는 작은 단계들로 각 장이 구성되어 있다. 체험적인 연습들이 압도적으로 느껴지지 않도록 계획된 순서에 따라 하나의 장에서 다음 장으로 이어지게 만들었다. 각 장에서는 이론적인 부분을 체화된 경험으로 옮기기 위해 '실습'이라고 소제목을 붙인 연습을 제공한다. 책을 다 읽은 후에도 각 장을 다시 읽고 실습을 복습할 수 있다. 책을 읽어 나가면서 직접 실험해 보고, 언제든지 자신에게 웰빙을 가져다주는 실습으로 돌아와 그것들을 계속해서 연습할 수 있다. 나는 많은 실습 과정에서 각자 찾아낸 내용 중 간직하길 원하는 내용을 기록하라고 제안한다. '기록하기'라는 말을 사용해 단어와 이미지를 활용할 것을 권장한다. 때로는 새로운 정보를 기억하는 데 도움이 되는 하나의 단어나 몇 가지 요점을 적을 수 있고, 어떤 경우에는 더 긴 글이나 그림이나 색깔을 활용해 중요한 것을 기록하는 방식을 선택할 수도 있다. 기록하라는 제안은 당신이 발견한 내용을 기억하고 다시 찾아보는 방법을 고르라는 의미이다.

이 책을 통해 당신은 다미주신경 이론의 기본 원리를 배우고, 이론을 생동감 있게 하는 실습을 통해 다미주신경 이론의 과학을 일상에 적용하게 될 것이다. 나의 소망은 책을 읽은 독자들이 세상을 새로운 방식으로 바라보고, 평온과 연결에 이르는 개인적인 경로를 찾아내는 데서 오는 커다란 혜택을 경험하는 것이다.

신경계와 친숙해지는 과정은 지속적인 발견의 여정이다. 나는 오랫동안 이 분야를 연구해 왔으며 사람들과 나눌 지혜와 전문지식을 가지고 있다. 그러나 당신과 마찬가지로 여전히 일상의 삶에서 문제를 겪고 있으며 '배 쪽 미주신경의 안전과 조절'로 알려진 상태에 내린 닻을 잃어 버린 채 혼란스러워하고 있는 자신을 발견하기도 한다. 그럴 때면 내가 알고 있는 것을 떠올리면서 실습으로 돌아오곤 한다.

이 책의 원서 제목인 '닻(Anchored)'은 당신이 책을 읽는 동안 모든 장에서 반복해서 듣게 될 단어이다. 나는 해변에서 자랐고, 닻이 변화하는 환경에 대응해 배의 안전을 유지하는 데 얼마나 중요한 역할을 하는지 이해하고 있다. 적당한 길이의 줄로 연결된 닻은 바다의 바닥을 파고들어 배를 안전하게 고정하는 동시에 배가 바다와 바람의 변화에 대처할 수 있도록 충분한 여유를 가지고 있다. 안전은 굳게 박힌 닻과 적절한 길이의 줄에서 비롯된다. 자신의 신경계에 닻을 내리고 있을 때 우리는 안전하게 존재감을 가진 채 표류하지 않으면서 위험을 무릅쓰고 세상에 나아갈 수 있다. 그 순간 우리는 조절 상태에 연결되어 있으며 주변 세상을 탐험할 여유가 있다.

내가 처음으로 다미주신경 이론에 관한 임상 훈련을 열었을 때, 나는 참가자들에게 포지스 박사와의 협업으로 탄생한 다미주신경 가족의 일원이 된 것을 환영한다고 말했다. 그 다미주신경 가족은 이제 전 세계적인 공동체로 성장했지만 여전히 나에게는 가족이라는 느낌이 짙게 남아 있다. 이 책을 펼치는 순간, 당신은 성장하고 있는 다미주신경 가족에 참여하고 인간관계의 새로운 언어를 발견하도록 초대받고 있는 셈이다.

1장

다미주신경 이론 이해하기

생명체가 아름다운 이유는 그것을 구성하고 있는
원자가 아니라 그 원자들이 결합하는 방식 때문이다.

–

칼 세이건,
《코스모스》 에피소드 5

정신의학과 교수 스티븐 포지스는 1970년대와 1980년대 조산아 연구에서 심장박동을 조절하고 우리 몸 안에서 일어나는 일을 다른 사람에게 알려 줄 수 있는, 얼굴과 심장 사이를 연결하는 두 개의 미주신경 경로를 신경계 내에서 재발견했다. 이것은 다미주신경 이론을 정의하는 데 도움을 주었으며, 이제 우리는 자율신경계를 이해하고 이를 활용해 작업할 수 있는 손쉬운 방법을 갖게 되었다.

자율신경계는 몸의 기본적인 관리 업무(호흡, 심장박동, 소화)를 우리가 신경 쓸 필요 없이 알아서 처리해 주기에 말 그대로 자율신경계라고 불린다. 이 신경계는 놀랍게도 미리 프로그래밍된 설정대로 기능할 뿐 아니라 다미주신경 이론을 이용해 조절할 수 있다. 이를 위해서는 다음과 같은 세 가지 주요 원리를 이해해야 한다.

1 **자율신경계의 위계**(Hierarchy): 신경계는 특정한 순서와 정해진 경로를 따르는 세 가지 구성 요소를 중심으로 조직되어 있다.

2 **신경지**(Neuroception): 신경계는 안전 신호와 당면한 위험에 대한 경고를 주시하는 내재된 감시 체계를 갖추고 있다.

3 **상호조절**(Co-Regulation): 타인과의 안전한 연결 경험을 갖는 것은 웰빙을 위한 필수적 요소이다.

배 쪽 미주신경(Ventral Vagal) 연결 체계

- 일상의 요구사항 충족하기
- 연결하고 소통하기
- 흐름에 맡기기
- 삶에 참여하기

교감신경(Sympathetic) 행위 체계

- 혼돈의 에너지로 가득 참
- 공격을 위해 자원을 동원함
- 도피하기
- 불안
- 분노

등 쪽 미주신경(Dorsal Vagal) 작동 중지 체계

- 마지 못해 억지로 하기
- 에너지 고갈
- 단절
- 희망 잃음
- 포기

표1. 자율신경계의 세 가지 구성 요소와 특징

자율신경계의 위계 : 경험의 구성 요소

—

진화의 과정을 거치며 약 5억 년 전에 등 쪽 미주신경(작동 중지), 약 4억 년 전에 교감신경(활성화), 약 2억 년 전에 배 쪽 미주신경(연결)의 세 가지 구성 요소가 차례로 생겨났다. 자율신경계의 위계라고 하는 이 순차적인 질서는 신경계가 조절되는 방식과 일상의 도전적인 사건에 반응하는 방식을 이해하는 데 중요하다. 각각의 구성 요소는 특정한 방식으로 작동하는데, 신체 내부의 연결을 통해 생명 활동에 영향을 주고 세상을 바라보고 느끼고 참여하는 방식을 지시함으로써 우리의 심리적 작용에 영향을 미친다.

세 가지 구성 요소 중 가장 최근에 발달한 배 쪽 미주신경은 건강과 웰빙으로 가는 길과 삶을 다루기 쉬운 것으로 느끼게끔 하는 공간을 제공한다. 이를 통해 우리는 다른 사람들과 연결되고 소통하며 집단에 속하거나 홀로 행복할 수 있다. 일상생활에서 흔히 겪는 짜증이 크게 느껴지지 않고, 커피를 흘리거나 출퇴근길이 막혀도 화내거나 불안해하는 대신 느긋하게 마음먹을 수 있다.

그러나 압도하는 사건이 일어나거나, 너무 많은 일이 한꺼번에 일어나거나, 또는 인생이 끝없는 시련의 연속처럼 보일 때 우리는 위계적 패턴에 따라 다음 단계인 교감신경 경로로 이동해 행동을 취하는 쪽으로 나아간다. 이는 일반적으로 투쟁-도피 반응이라고 알려져 있다. 할 일이 도무지 줄어들지 않는 것 같을 때, 생계를 꾸려 나갈 만한 충분한 돈이 없을 때, 배우자가 항상 한눈을 파는 것처럼 보일 때,

우리는 현재 순간이 안전하다는 느낌과 더 큰 그림을 보는 능력을 잃어 버린 채 싸우거나 도망치는 식으로 반응한다.

탈출구도 없고 감당할 수도 없는 끝없는 도전의 연속에 갇혀 있다는 느낌이 지속되면 우리는 위계적 순서에 따라 신경계의 첫 번째 구성 요소인 붕괴, 작동 중지, 단절을 느끼게 하는 등 쪽 미주신경으로 나아간다. 쏟아진 커피, 처리해야 할 끝없는 일들, 우리와 함께하지 않는 것처럼 보이는 배우자는 더 이상 중요하지 않다. 우리는 작동 중지되고 단절되기 시작한다. 여전히 움직일 수는 있으나 스스로를 돌볼 힘이 없고 무언가 바뀔 것이라는 희망을 잃는다. 우리 신경계는 하나의 신경계에서 다음 신경계로 이동하는 예측 가능한 절차를 따르기에, 이런 붕괴 상태로부터 회복하기 위해서는 교감신경계에서 에너지의 통로를 찾고 배 쪽 미주신경 상태의 조절을 지속할 필요가 있다.

세 가지 구성 요소 각각의 특징을 파악하는 좋은 방법은 다음 두 문장을 살펴보는 것이다. '세상은~' 그리고 '나는~'이다. 이 안에서 당신이 세상과 자신의 공간을 어떻게 바라보는지 설명하는 단어를 발견하면 각 문장에 담겨 있는 신념을 자각하게 된다. 위계의 맨 아래에 있는 등 쪽 미주신경에서 시작해 단절과 붕괴, 작동 중지의 경험을 느끼면서 두 개의 문장 '세상은~' 그리고 '나는~'을 채워 보라. 당신은 세상이 편안하지 않으며 어둡고 공허하다는 것을 발견할지 모른다. 여기서 당신은 통제되지 않고 버려지고 길을 잃는다. 한 단계 위로 이동해 교감신경의 압도적인 에너지 홍수 속에서 동일한 두 문장을 탐색해 보라. 아마도 세상은 혼란스럽고 다루기 어렵고 끔찍할 것이다. 이 무질

서한 혼란의 공간에서 당신은 통제 불능, 조절하기 힘든 상태, 위험에 처해 있다. 이제 마지막 구성 요소인 배 쪽 미주신경의 안전 및 조절 상태로 이동해 보라. 당신은 '세상은~' 그리고 '나는~'이라는 문장을 어떻게 채워 넣을 것인가? 아마도 당신은 세상이 따뜻하고 아름답고 서로 연결되었다고 경험할 것이다. 기분 좋고, 생기 넘치고, 건강하고, 온통 가능성으로 가득 차 있다고 느낄 것이다. 이런 방식으로 자율신경계의 위계가 작동함으로써 우리는 각 자율신경계 상태가 만들어 내는 다양한 경험을 이해한다. '세상은~' 그리고 '나는~'이라는 두 개의 문장을 확인함으로써 하나의 신경계 상태에서 다른 상태로 이동함에 따라 우리의 이야기가 얼마나 극적으로 변화하는지 알게 된다.

신경지 : 내부 감시 시스템

—

다미주신경 이론의 두 번째 원리인 내부 감시 시스템은 매우 기술(記述)적인 단어인 '신경지'로 정의된다. 스티븐 포지스는 신경계(Neuro)가 안전 신호와 위험 신호를 지각하는 방식을 설명하기 위해 이 용어를 만들었다. 안전에 대한 신경지로 인해 우리는 세상으로 나아가고 연결로 나아간다. 위험에 대한 신경지는 우리를 교감신경의 투쟁-도피로 데려가고, 생명 위협에 대한 신경지는 우리를 등 쪽 미주신경의 붕괴와 작동 중지로 데려간다.

신경지는 내부와 외부 그리고 그 사이, 이렇게 세 가지 인식의 흐름을 따른다. 내부의 소리에 귀 기울이기는 신경지가 신체 내부(심장 박동, 호흡 리듬, 근육 활동)와 장기 내부, 특히 소화와 관련된 장기에서 무슨 일이 일어나고 있는지 주의를 기울일 때 일어난다. 외부의 소리에 귀 기울이기는 (몸이 있는 곳에서) 직면한 환경에서 시작해 이웃, 국가 및 전 세계 공동체를 포괄하는 더 넓은 세계로 확장된다. 인식의 세 번째 흐름인 내부와 외부 사이의 소리에 귀 기울기는 신경계가 다른 신경계와 일대일로 또는 여러 사람과 소통하는 방식이다. 체화된 상태로 주의를 기울이는 이 세 가지 흐름은 의식적 자각 수준 아래에서 매우 미세한 순간마다 항상 작동하고 있다. 배경에서 실행되는 신경지는 우리가 사람·장소·경험에 연결되도록 초대하거나, 보호를 위해 투쟁-도피 또는 작동 중지로 우리를 이동시키는 자율신경계 상태의 변화를 가져온다.

우리의 이야기와 우리가 생각하고 느끼고 행동하는 방식은 신경지와 함께 시작된다. 우리는 신경지를 가지고 직접적으로 작업할 수는 없지만, 그것에 대한 몸의 반응을 가지고 작업할 수 있다. 지각을 신경지로 가져올 때, 다른 측면에서 우리는 무의식적인 경험을 의식적인 경험으로 가져온다. 신경지의 암묵적인 경험을 명시적으로 알아차리고 주의를 생생한 상태로 돌림으로써 우리는 경험과 함께 작업할 수 있다. 자각의 길을 여행하면서 우리는 느낌, 신념, 행동, 그리고 마지막으로 우리를 일상으로 데려가는 이야기와 연결된다. 신경지에 주의를 기울이는 법을 배우면 새로운 방식으로 우리의 이야기를 만들어 갈 수 있다.

상호조절 : 연결을 위한 관계 맺기

—

다미주신경 이론의 세 번째 원리는 '상호조절'을 경험하면서 다른 사람들과의 안전한 연결을 찾으려는 욕구이다. 다른 사람들과의 상호조절은 생존에 필수적인 경험이다. 인간은 혼자서 생존할 수 없는 상태로 세상에 태어나며 생후 처음 몇 년 동안 다른 사람들의 보살핌이 필요하다. 우리는 신체적으로 스스로를 조절할 수 없고 신체적·정서적 생존 욕구를 모두 충족하기 위해 자연스럽게 주변 사람들에게 다가간다. 우리가 성장함에 따라 이런 상호조절의 경험은 자기조절 연습을 위한 기반을 제공한다.

자기조절을 배우는 동안에도 상호조절은 필요하다. 이것은 웰빙의 필수적인 구성 요소이자 역경을 헤쳐 나가기 위한 도전이기도 하다. 상호조절을 하려면 자기 자신에 대해 스스로 안전하다고 느껴야 하며 서로 연결되고 조절할 수 있는 방법을 찾아야 한다. 우리는 친구의 조언에 의지하거나 가족이 도움을 주리라 기대한다. 살면서 우리가 필요로 할 때 조절된 신경계를 보여 주는 사람에게 의지한다. 세상이 점점 더 자기조절과 자립을 강조하는 것처럼 보이지만, 상호조절이야말로 일상의 삶을 안전하게 영위하기 위한 기초가 된다. 우리는 다른 사람들과 연결되려는 지속적인 욕구를 가지고 있으며 매일 상호조절할 기회를 갈망하고 찾는다.

이 세 가지 원칙, 즉 위계·신경지·상호조절을 통해 우리는 생명활동이 우리가 세상을 살아가는 방식을 만드는 데 미치는 역할을 인정하게 되고 나아가 웰빙을 가져오는 방식으로 생명 활동을 다루는 지침을 갖게 된다.

웰빙을 위한 세 가지 요소
—

다미주신경 이론의 세 가지 원칙은 신경계를 이해하고 그것과 친숙해지는 시작점이다. 다음으로 안전과 조절이 신경계를 지지하도록 돕는 웰빙의 요소(맥락, 선택, 연결)를 추가할 것이다. 이 세 가지 요소가 존재할 때 조절하는 법을 더 쉽게 찾을 수 있다. 이런 요소 중 하나라도 빠지면 균형이 무너지고 불안감을 느끼게 된다.

맥락(Context)의 어원은 '함께 짜다'를 의미하는 라틴어 'Contexere'이다. 맥락은 신경계의 렌즈를 통해 경험을 이해하고 거기에 반응하기 위해 '어떻게', '무엇을', '왜'에 관한 정보를 수집하는 일과 관련된다. 우리는 상호작용을 둘러싼 세부 사항과 명시적으로 의사소통함으로써 안전의 신호를 얻는다. 맥락 정보가 암묵적인 경로로 전송되고 명시적으로 공유되지 않을 때, 우리는 종종 과거의 경험에 기반해 현재 상황에 반응하게 된다. 명시적으로 드러난 정보가 없으면 불안감을 느끼고 보호를 위한 패턴으로 들어갈 가능성이 더 크다. 예를 들어 친구가 점심 약속을 취소한다는 문자 메시지를 보냈는데 친구의 목소리를 듣지도, 얼굴을 보지도, 다른 추가적인 정보를 얻지도 못했다면, 우리는 불안에 빠져서 '내가 뭔가를 잘못해서 화가 났나?' 하는 이야기를 만들어 낼 것이다. 그러다 친구가 몸이 좋지 않다는 사실을 알게 되면 이야기의 맥락은 바뀌게 되고, 버림받았다는 느낌 대신 친구를 배려하고 걱정하는 마음이 들 것이다.

선택(Choice)은 조절이 잘된 신경계에 필요한 두 번째 요소이다. 선택에 따라 정지 또는 이동, 접근 또는 회피, 연결 또는 보호가 가능하다. 선택이 제한되거나 박탈되거나 선택의 여지가 없다는 느낌이 들면 우리는 탈출구를 찾기 시작한다. 이처럼 생존을 모색하는 단계에서는 불안이나 분노의 형태로 교감신경계가 자원을 동원하는 에너지를 느낄 수 있고, 또는 등 쪽 미주신경의 붕괴 속으로 끌려들어 가 에너지가 고갈되는 느낌을 받을 수 있다. 하루 중 단순한 활동을 하는 와중에도 선택권이 있으면 안전과 조절에 닻을 내리고 더 잘 머물 수 있다. 반대로 너무 많은 선택지가 있으면 망망대해에 빠져 선택할 수 없다는 느낌을 받을 수 있다. 너무 많은 선택지는 우리를 압도하며 엄격한 일정을 따르기가 어려울 수 있다. 우리에게는 저마다 유연한 일상과 선택을 위한 틀을 만들 수 있는 적절한 지점이 있다.

마지막 요소인 연결(Connection)은 관계에 대한 감각을 말한다. 연결의 경험은 네 가지 영역을 망라한다. 자기와의 연결, 다른 사람 및 반려동물과의 연결, 주변 세계와 자연과의 연결, 영혼(Spirit)과의 연결이 그것이다. 연결을 통해 우리는 안전하게 체화되고, 다른 사람들과 함께하며, 환경 내에서 편안하게 느끼고, 영혼과의 조화를 느낀다. 연결감이 끊어지면(자기감 상실, 관계에서의 실수, 자연과의 단절, 영적 경험으로부터의 괴리감) 안전과 조절에 닻을 내리는 능력이 방해받고, 연결로 되돌아가는 법을 찾기 위해 소통과 사회적 참여를 시도하게 된다. 이런 단절 상태가 지속되다 보면 절망에 빠지기 직전에 필사적으로 도움을 요청하기도 한다.

　　이상으로 다미주신경 이론의 조직화 원리와 조절된 신경계 요소를 모두 살펴보았다. 이제 자율신경계의 경로를 탐색하고 웰빙을 가져오기 위해 신경계를 다루는 몇 가지 실습을 시작할 준비가 되었다.

"우리가 누구이며
세상을 어떻게 바라보는지에 관한 이야기는
우리 몸에서 시작된다."

2장

자율신경계
여행하기

유일한 여행은 내면의 여행이다.

–

라이너 마리아 릴케,

〈젊은 시인에게 보내는 편지〉

일상을 경험하고 세상을 살아가는 방식의 핵심은 뇌가 담당한다고 생각할 수 있지만 실은 자율신경계를 가진 우리 몸에서 시작된다. 우리가 누구이며 세상이 어떻게 돌아가는지, 우리가 무엇을 하는지와 어떻게 느끼는지에 대한 이야기가 이곳에서 생겨난다. 이것이 안전과 연결에 대한 경험을 만들어 내는 우리의 생명 활동이다.

자율신경계에 관한 이야기는 약 5억 년 전 판피류(板皮類)라고 불리는 선사시대 어류와 등 쪽 미주신경으로 알려진 부교감신경계의 한 가지(Branch)로부터 출발한다. 신경계의 이 부분을 이해하려면 느긋하고 느릿느릿 움직이는 거북이를 떠올려 보라. 거북이는 겁이 나면 껍데기 속으로 몸을 숨긴 채 움직이지 않으면서 다시 세상을 엿볼 수 있을 만큼 안전하다고 느낄 때까지 기다린다. 부동반응과 모습을 감추는 행위는 등 쪽 미주신경계의 생존 전략이다.

교감신경계는 약 4억 년 전, 현재는 멸종된 또 다른 어류인 극어류(棘魚類)에서 생겨났다. 교감신경계의 도래와 함께 생존 전략으로써 움직임이 추가되어 투쟁과 도피가 가능해졌다. 이 신경계의 움직임을 살펴보려면 상어가 공격하거나 물고기가 재빨리 탈출하는 모습을 상상해 보라.

마지막으로 약 2억 년 전에 부교감신경계의 다른 가지인 배 쪽 미주신경이 생겨났다. 이 독특한 포유류 신경계의 에너지는 우리가 안전함을 느끼고, 연결되고, 소통할 수 있게 해 준다. 이 신경계를 느껴 보려면 친구와 앉아서 이야기 나누거나, 대지와 연결된 느낌으로 자연 속을 거닐거나, 강아지나 고양이가 옆에 웅크리고 앉아 있다고 상상해 보라.

요약하면 자율신경계는 부교감신경계와 교감신경계로 구성되며, 미주신경은 등 쪽과 배 쪽 가지를 통해 부교감신경계의 주요 경로를 제공한다. 이 모든 것을 통해 우리는 세 가지 경로에 접근할 수 있으며 각 경로는 고유한 반응을 가져온다. (이 용어들을 기억하기 어려울 수 있지만, 용어에 익숙해지는 게 중요하므로 이해를 바란다. 책을 계속해서 읽어 나가면서 자신의 신경계 세 부분에 이름을 붙이게 될 것임을 기억하자.)

각각의 새로운 신경계가 등장할 때마다 기존 신경계를 대체하지 않으면서 합쳐지게 되었고 자율신경계의 구조는 더욱 복잡해졌다. 이제 세 부분으로 이루어진 자율신경계의 구조에 대해 더 깊이 있게 탐구해 보자.

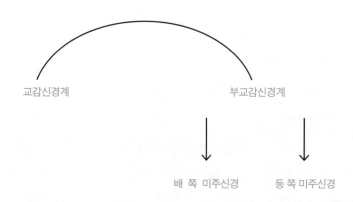

그림1. 두 개의 회로, 세 개의 경로

미주신경 감지하기

다미주신경 이론에서 '미주(Vagal)'란 미주신경(Vagus Nerve)을 말하며, 실제로는 단일 신경이 아니라 뇌간에서 시작해 몸 전체로 뻗어 나가며 경로를 따라 다양한 기관에 영향을 미치는 신경 다발이다. 'Vagus'는 라틴어로 '방랑자'를 의미하는데, 이 신경의 길이(미주신경은 가장 긴 뇌 신경이다)와 경로를 따라 많은 곳에서 연결되는 방식 때문에 붙여진 이름인 듯하다. 안드레아스 베살리우스가 1543년에 그린 목판화를 보면 이런 복잡한 경로를 이해할 수 있다.

그림2. 안드레아스 베살리우스 목판화

우리는 미주신경을 하나의 신경으로 말하지만 뇌 신경 중 12개는 모두 쌍을 이루고 있으며, 하나는 뇌 왼쪽에 다른 하나는 오른쪽에 있다. 심장에 연결되고, 이 장의 뒷부분에서 언급하게 될 미주신경 브레이크(Vagal Brake)를 구성하는 것은 오른쪽 미주신경이다. 미주신경은 뇌간에서 목 옆, 경동맥 뒤, 몸 앞쪽으로 이동한 다음 목구멍, 폐, 심장을 통해 복부와 소화기관으로 이동한다. 많은 가지가 있는 이 신경계를 감지하려면 왼쪽 손을 목 아랫부분에 놓고 오른손으로 미주신경 경로를 따라가면 된다. 오른손을 목 옆에 두었다가 목구멍을 따라 폐, 심장, 복부까지 움직인다. 이 경로를 따라 위아래로 움직이는 에너지를 상상해보라. 이 미주신경 경로를 따라 전달되는 정보는 양방향으로 이동하며 정보의 80%는 신체에서 뇌로, 20%는 뇌에서 신체로 이동한다. 몸과의 연결이 끊어지면 미주신경 경로를 통해 신체에서 뇌로 전송되는 중요한 정보와 그것에 귀 기울이는 능력 또한 끊어지게 된다.

미주신경의 배 쪽 가지와 등 쪽 가지는 횡격막 위 또는 아래에서 작동하는 방식에 따라 구분된다. 횡격막은 가슴과 복부를 구분하는 근육이다. 한 손은 가슴에, 다른 한 손은 흉곽 바로 아래에 놓으면 그곳이 횡격막 부근이다. 횡격막에서 아래쪽으로 등 쪽 미주신경 영역이 있다. 이 영역은 일상적인 비반응적 임무를 담당하고 건강한 소화작용을 조절한다. 생존 모드에서 등 쪽 미주신경은 우리를 자각과 연결에서 붕괴와 부동화로 데려간다. 이런 생존 모드 상태에서는 단절감과 무감각을 느끼고, (몸은) 여기에 있지만 (정신은) 여기에 있지 않은 것 같은 경험과 무심하게 살아가는 시늉만 하는 것 같은 느낌을 갖게 된다. 몸의 생물학적 시스템이 보존 모드로 들어감에 따라 소화불량으로 고통받고, 단지 생존에 필요한 충분한 에너지를 유지하기 위해 모든 것이 느려진다. 자신이 사라지거나 보이지 않게 되어도, 무슨 일이 일어나고 있는지 느끼지 못해도, 지금 있는 곳에서 살아가지 않아도, 우리는 생존할 수 있기를 바란다. 우리는 알지 못하고 느끼지 못하고 존재하지 않는다는 느낌으로 도피한다. 이런 설명을 들으면서 당신은 자신의 신경계에서 등 쪽 미주신경 에너지가 활성화되는 것을 느낄지도 모른다.

횡격막 위쪽으로 배 쪽 미주신경 영역이 있다. 이 영역은 우리가 안전에 닻을 내리고 자기조절과 상호조절을 가능하게 하는 곳이다. 배 쪽 미주신경 상태에서는 심박수가 조절되고, 호흡은 자연스럽고 충분하다. 우리는 친구의 얼굴을 보며 기뻐하고, 대화에 귀 기울이고, 주의를 산만하게 만드는 것을 무시할 수 있다. 또한 고통을 인정하고 대안을 찾고 지원을 요청하거나 취소할 수 있다. 우리에게는 풍부한 자원이 있으며 얼마든지 그것을 제공받을 수 있다. 우리의 주의는 자신, 타인, 세상, 영혼과의 연결에 집중되어 있다. 이곳은 웰빙의 공간이다. 이런 설명을 들으면서 이 에너지를 느낄 수 있는지, 배 쪽 미주신경 상태가 살아나는 것을 느낄 수 있는지 확인해 보라.

미주신경계를 자각했다면, 잠시 시간을 내어 두 미주신경 경로 사이를 왔다 갔다 해 보자. 한 손은 뒷목과 두개골이 만나는 부위에 놓고 다른 손은 심장 위에 올려놓는다. 배 쪽 미주신경 경로를 상상하면서 두 손 사이에서 움직이는 에너지를 느껴 보라. 잠시 시간을 내어 이

신경계가 가져오는 조절 및 연결 능력을 생각해 보라. 이제 심장에 올려놓았던 손을 복부로 옮긴다. 한 손은 뇌간에, 다른 한 손은 복부에 놓으면 등 쪽 미주신경 경로에 연결된다. 이 경로를 상상하면서 움직이는 에너지를 느껴 보라. 잠시 시간을 내어 이 신경계가 소화 과정을 통해 영양분을 공급하고, 필요할 때 의식에서 벗어나게 함으로써 보호하는 등 당신을 위해 작동하는 방식을 생각해 보라.

미주신경 브레이크

—

중요한 배 쪽 미주신경 회로 중 하나는 미주신경 브레이크다. 이 특별한 회로는 뇌간을 떠나 심장의 동방결절(심장박동기)과 연결되며, 이를 통해 심장 리듬이 조절된다. 미주신경 브레이크는 심박수를 줄여서 건강한 사람의 수치로 낮춘다(분당 60~80회). 이런 조절이 없으면 심장은 위험할 정도로 빨리 뛰게 된다. 이 경로가 심박수를 조절하는 방식 때문에 미주신경 브레이크라고 부른다. 모든 효율적인 브레이크의 작동 메커니즘과 마찬가지로 미주신경 브레이크는 심장박동수를 늦추거나 가속하며, 매 순간 상황에 성공적으로 대처하는 데 필요한 에너지를 적절히 공급하는 역할을 한다.

미주신경 브레이크는 또한 호흡 리듬을 조절한다. 호흡 주기마다 섬세한 패턴으로 작동과 해제를 반복한다. 숨을 들이쉴 때마다 미주신경 브레이크가 조금 풀리면서 심장박동이 약간 빨라지고, 숨을 내쉴 때마다 미주신경 브레이크가 다시 작동해 심장박동이 느리게 되돌아간다. 미주신경 브레이크가 어떻게 작동하는지 이해하려면 자전거의 손잡이 브레이크를 떠올려 보라. 내리막길을 더 빨리 달리고 싶을 때 브레이크를 부드럽게 놓으면 바퀴가 더 빨리 회전한다. 그런 다음 속도를 줄이고 싶을 때 부드럽게 브레이크를 잡는다. 심장으로 가는 미주신경 경로는 실제로 자전거의 브레이크처럼 물리적으로 풀렸다가 다시 연결되지는 않는다. 대신 전기 신호와 신경전달물질을 사용해 더 활성화되거나 덜 활성화된다.

미주신경 브레이크의 기능은 우리가 투쟁과 도피의 생존 상태로 끌려가지 않으면서 교감신경계가 동원하는 에너지의 일부를 느끼고 사용할 수 있도록 허용하는 것이다. 미주신경 브레이크가 풀릴수록 교감신경계의 에너지가 더욱 강하게 동원되는 것이 느껴진다. 그러고 나서 미주신경 브레이크가 다시 작동하면 교감신경계가 동원하는 에너지를 덜 느끼는 상태로 되돌아간다.

실습: 미주신경 브레이크 사용하기

이 실습은 앉거나 서서 할 수 있다. 먼저 한 발은 배 쪽 미주신경을 조절하고, 다른 발은 교감신경을 동원한다고 상상해 보라(한 발을 다른 발 앞에 놓거나 두 발을 나란히 놓을 수 있다). 두 발을 바닥에 대고 약간 흔들거리면서 체중을 한 발에서 다른 발로 옮긴다. 자신의 호흡 주기에 따라 진행한다. 숨을 들이마시면서 교감신경의 발로 체중을 이동하고, 숨을 내쉬면서 배 쪽 미주신경의 발로 다시 체중을 옮긴다. 몇 번의 호흡을 반복하면서 미주신경 브레이크가 풀렸다가 다시 작동하는 리듬감을 느껴 보라.

미주신경 브레이크가 풀리기 시작할 때 여전히 배 쪽 미주신경계의 조절 아래 있는 동안 참여감, 기쁨, 흥분, 열정, 재미, 주의, 경계 및 주시를 포함한 다양한 반응에 접근할 수 있다. 미주신경 브레이크가 없으면 안전과 연결에 닻을 내리지 못하고 투쟁-도피의 보호 상태로 옮겨 간다. 시험 삼아 브레이크를 풀어 놓을 수 있는 한계를 찾아보라. 교감신경의 자원 동원으로 완전히 기울도록 체중을 옮겨 보라. 균형을 잃기 시작할 때 무슨 일이 일어나는지 느껴 보라. 그런 다음 배 쪽 미주신경에 닻을 내린 발 아래 단단한 바닥의 느낌으로 다시 돌아온다.

이제 배 쪽 미주신경에 닻을 내린 발에 완전히 체중을 싣고 교감신경의 발은 가볍게 바닥에 닿게 한다. 여기서 무슨 일이 일어나는지 느껴 보라. 미주신경 브레이크가 에너지를 움직일 수 있게 허용한 다음 평온한 상태로 돌아가는 데 도움을 주는 방식을 실험해 보라. 미주신경 브레이크가 배 쪽 미주신경의 안전 및 조절, 교감신경의 생존 반응 사이에서 어떻게 경계를 유지하는지 느껴 보라.

이제 미주신경 브레이크에 대한 감각이 생겼으니 에너지와 평온함 사이에서 균형을 전환하는 연습을 시작할 수 있다. 안전에 닻을 내린 상태에 머물면서 움직임을 느끼는 연습을 한다.

휴식과 행동 사이를 옮겨 다녀 보라. 미주신경 브레이크를 풀었다가 다시 작동시키면서 나타나는 모든 경험을 탐색하라.

에너지를 충전하거나 평온해질 필요가 있고, 그 순간 성공적인 적응을 위해 미주신경 브레이크를 사용할 필요가 있는 일반적인 경험을 상상해 본다. 욕구를 충족하려면 더 많은 에너지가 필요해서 미주신경 브레이크를 풀어 주어야 할 순간을 마음속에 떠올려 보라. 그런 다음 좀 더 편안함을 느끼고 싶어서 다시 브레이크를 걸어야 할 때를 마음속에 떠올려 보라. 그 순간을 기억하고, 적절한 양의 에너지가 어떻게 경험을 변화시키는지 상상하기 위해 미주신경 브레이크를 풀었다가 다시 작동하는 일을 반복하며 연습할 수 있다. 안정된 상태를 유지하는 능력에 자신감이 붙으면 불안이 고조될 때 침착해지거나, 행동을 취해야 할 때 더 많은 에너지를 내는 등 의도적으로 균형을 맞추는 조절을 할 수 있다.

교감신경계의 에너지

—

교감신경계는 등 중앙부에 있는 흉부와 요추 영역에서 나오는 척수 신경계이다. 이것을 느끼려면 한 손을 목에서 부드럽게 아래로 내리고 다른 손은 허리에서 부드럽게 위로 뻗는다. 양손 사이의 공간이 대략 교감신경계가 위치한 곳이다. 교감신경계의 에너지는 세상을 살아가는 능력에 필수적이다. 혈액을 뿜어내고 심장의 리듬과 호흡 패턴을 관리하는 조절 역할을 하기 때문이다. 미주신경 브레이크 연습에서 보았듯이 배 쪽 미주신경과 교감신경계의 에너지는 우리의 경험을 생동감 있게 만들며 협력해서 작동한다. 그러나 미주신경 브레이크와의 연결이 끊어지면 배 쪽 미주신경계의 안정을 잃고 안전에서 벗어나 교감신경계의 생존 상태로 진입한다. 생존 모드로 들어가면 교감신경계는 투쟁-도피 반응을 활성화하고, 뇌의 시상하부 및 뇌하수체와 신장 위에 있는 부신을 연결하는 회로인 시상하부-뇌하수체-부신(Hypothalamic-Pituitary-Adrenal, HPA) 축이 코르티솔과 아드레날린을 방출하기 시작한다.

고속도로 운전 중에 갑자기 앞 차가 멈춰 서거나, 아이가 뜨거운 난로에 손을 뻗거나, 강아지가 차도로 뛰어드는 일은 아드레날린을 빠르게 분출시키는 사건이다. 우리는 사건을 다루기 위해 즉각적인 반응을 한 다음 사건이 종료되면 조절 상태로 돌아간다. 잠시 시간을 내어 아드레날린이 빠르게 솟구쳤던 때를 생각해 보라. 당신의 몸은 아마도 기억을 간직하고 있으며, 기억을 불러오면 그 장면이 다시 생생하게 떠오를 것이다.

아드레날린에 의한 신속하고 단기적인 반응 외에도 교감신경계는 코르티솔 분비를 통해 고통에 반응한다. 좋지 못한 사람들에게 둘러싸여 있거나, 안전하지 않다고 느끼는 장소에서 생활하거나, 유해한 환경에서 일하는 것과 같은 지속적인 스트레스 경험은 에너지의 소용돌이처럼 느껴지는 지속적인 코르티솔 반응을 일으켜 끝없이 평온함을 좇도록 만들 수 있다. 당신의 일상을 되돌아보라. 끝없이 해야 할 일이 쌓여 있는가? 어떤 일을 해도 책임감이 계속 쌓여만 가는가? 이런 교감신경계의 흥분 상태에 대한 몸의 반응을 확인해 보라.

인간 진화의 역사에서 부족의 일원이 되는 것은 생존에 필수적이었다. 인간은 집단 내에서 생존했다. 숫자에는 힘이 있었다. 배 쪽 미주신경의 조절로 만들어진 안전에 닻을 내리고 있을 때 우리는 연결을 찾고 친교의 가능성을 본다. 그러나 배 쪽 미주신경의 안전에서 벗어나 교감신경계의 에너지로 이동하면 임박한 위험을 감지하고 투쟁-도피 상태로 들어간다. 세상은 안전하지 않은 사람들로 가득 찬 안전하지 않은 장소처럼 느껴진다. 이 상태에서 우리는 단서를 잘못 해석하고 중립적인 얼굴과 특정한 목소리 톤을 위험 신호로 경험한다. 청각은 위험한 소리에 귀 기울이도록 조정되어 주변의 친절한 목소리를 쉽게 놓친다. 상황을 전체적으로 인식하고 경고하는 것이 아니라 대강 훑어본다. 불안해하면서 극도로 경계한다. 우리는 다른 사람들과 분리되어 홀로 있으며 '우리 vs. 그들' 또는 '나 vs. 너'의 마음가짐으로 세상을 바라본다.

여러 신경 상태 이동하기

—

각 경로가 개별적으로 어떻게 작동하는지 알게 되었으니, 이제 각 상태가 어떻게 함께 작동하는지를 살펴보고 서로 간의 관계를 탐구해 보자. 진화 과정에서 자율신경계의 세 가지 경로(등 쪽, 교감, 배 쪽)가 나타나 신경계의 구성 요소(위계 구조)를 형성했다. 우리가 선호하는 장소, 건강과 성장과 회복의 경험을 발견하는 곳은 안전과 연결의 배 쪽 미주신경 상태에 닻을 내리고 있다. 우리가 조절에서 벗어나는 순간 첫 번째 움직임은 자원을 동원하고 보호하는 교감신경계로 들어가는 것이다. 마지막 단계는 단절을 통한 부동화와 보호의 등 쪽 미주신경 상태로의 이동이다. 자율신경 상태 사이를 이동하는 이 예측 가능한 순서는 우리가 조절장애로 옮겨 가는 경로를 추적하고 조절의 안전함으로 되돌아오는 길을 찾을 수 있는 지도를 가질 수 있음을 의미한다.

우리는 자연스럽게 여러 상태를 오간다. 일상적으로 배 쪽 미주신경의 조절에서 교감신경 또는 등 쪽 미주신경의 조절장애로 이동했다가 되돌아온다. 조절에서 멀어지는 게 문제는 아니다. 목표는 조절 상태에 머무는 것이 아니라 우리가 어디에 있는지를 알고, 조절 상태를 벗어나 생존 반응으로 들어가는 때를 인식하고 조절로 돌아갈 수 있게 하는 것이다. 다양한 상태 사이를 유연하게 이동하는 능력은 웰빙과 회복탄력성의 지표이다. 우리는 조절장애에 사로잡혀 다시 조절 상태로 돌아갈 수 없을 때 고통을 느낀다. 배 쪽 미주신경의 안전과 연결로부터 벗어나 조절장애 상태에서 길을 잃을 때, 우리는 유연성에서 경직성으로 이동하고 교감신경의 자원 동원 또는 등 쪽 미주신경의 작동 중지라는 강렬한 상태에 갇혀 있는 신경계의 영향을 느낀다.

배 쪽 미주신경의 조절하는 에너지에 닻을 내리면 자율신경계가 균형을 이루고 건강한 항상성(Homeostasis)과 함께 웰빙을 경험한다. 힘든 시기에 우리는 (반응하기보다) 심사숙고해서 행동하고 협력하고 소통할 수 있다. 잠시 멈춰서 조절되었다고 느꼈거나 스스로 혹은 다른 누군가와 함께 해결책을 발견했던 때를 생각해 보라. 만약 여기서 문제를 해결하고 관리하는 데 성공하지 못하면 조절 상태에서 벗어나 교감신경계가 자원을 동원하고 투쟁-도피의 에너지로 이동한다. 다시 잠깐 멈춰서 강렬하게 활성화되는 에너지를 경험했던 때, 논쟁하거나 도망치고 싶은 절망감을 느꼈던 때를 떠올려 보라. 마지막으로 행동을 취해도 문제가 해결되지 않고 덫에 걸린 느낌이 들면 등 쪽 미주신경의 작동 중지 상태로 이동한다. 포기하고 싶거나 현존의 느낌 없이 무심하게 행동했던 때를 생각해 보라.

하나의 구성 요소가 다른 구성 요소 위에 겹쳐지는 신경계의 형성 방식 때문에 붕괴 상태에서 안전과 조절 상태로 돌아가려면 투쟁-도피 반응에 사로잡히지 않은 채 교감신경계의 자원 동원을 통과해 가야 한다. 안전하게 자원을 동원하는 순간은 다양한 형태로 나타날 수 있다. 몸의 작은 움직임, 누군가와 공유하는 시선, 또는 가능성의 시작처럼 느껴지는 생각에서 비롯될 수도 있다. 이런 자원 동원의 순간에 필수적인 요소는 위험 신호로 여겨질 만큼 크고 강렬하지 않으면서 조절 상태로 돌아가는 길을 보여 주는, 안전의 신호로 느껴지는 에너지의 반환이다. 이 안전한 출발점에서 우리는 에너지가 돌아오는 것을 계속해서 느낄 수 있고 배 쪽 미주신경의 조절 상태로 되돌아갈 수 있다.

하루에 여러 번 작은 전환과 더 큰 전환의 방식으로 상태 사이를 이동하는 것은 정상적인 인간의 경험이다. 오늘 당신이 경험한 상태들을 생각해 보라. 편안한 순간, 약간 긴장되었던 작은 순간, 공허하게 느껴진 순간, 격렬한 투쟁·도피·붕괴의 순간 말이다. 다양한 상태에 들어가고 나오는 일반적인 경험은 웰빙에 방해가 되지 않는다는 사실을 기억하라. 오직 안전과 연결에서 벗어나 적응적 생존 반응 중 하나로 들어가 조절 상태로 되돌아오는 길을 찾지 못할 때만 우리는 신체적·심리적 고통을 겪는다. 배 쪽 미주신경의 에너지는 안전과 연결의 활성 요소이다. 이런 조절의 영향이 없으면 신체적·정서적·관계적·영적 고통을 겪게 된다. 그러나 배 쪽 미주신경 상태가 활성화되고 기능하면 교감신경계와 등 쪽 미주신경계는 배경에서 작동하고, 세 가지 상태가 모두 함께 작동하면서 신체적·심리적 웰빙을 만들어 낸다.

실습: 자율신경계와 친해지기

각 자율신경 상태의 구조, 역할, 생존 행동에 대한 이해를 바탕으로 논의의 주제를 인지에서 체화된 인식으로 옮겨 갈 수 있다. 논의의 출발점은 건강한 항상성의 상태이다. 여기서 배 쪽 미주신경의 에너지는 전체 신경계를 감독하며, 교감신경 및 등 쪽 미주신경이 배경에서 작동할 수 있도록 조절한다.

나는 가끔 배 쪽 미주신경이 교감신경 및 등 쪽 미주신경을 온화하게 감싸 안고 있는 이미지를 상상한다. 최근에 내가 배 쪽 미주신경 상태에 관해 떠올리는 이미지는 교감신경과 등 쪽 미주신경 상태를 보호하면서 안전하고 건조하게 유지하는 형형색색의 우산이다. 당신의 마음속에는 어떤 이미지가 떠오르는가? 그 이미지가 당신 몸속에서 어떻게 생동감을 불러일으키는가? 세 가지 상태가 연결되고 소통할 때 내면의 에너지는 어떻게 흐르는가? 잠시 여유를 갖고 자신만의 이미지를 찾은 다음, 이런 체화된 웰빙을 느껴 보라.

다음으로 교감신경과 등 쪽 미주신경 상태가 스스로 작동할 때 몸에서 무슨 일이 일어나는지 살펴보라. 등 쪽 미주신경 상태로 시작한다. 조절에서 단절로 이동함에 따라 무슨 변화가 일어나는가? 몸 어딘가에서 무너지거나 작동 중지되는 느낌이 드는가? 이어서 교감신경의 자원 동원으로 옮겨 가 보라. 신경계가 당신의 몸 어느 부위에서 살아 있는 상태를 느끼는지 알려주게 하라.

이제 세 가지 상태에 각각의 이름을 지어보자. 일반적인 생물학 용어인 배 쪽, 교감, 등 쪽을 고집할 수도 있지만 가급적 자신만의 언어로 상태에 이름을 붙여 보라. 내면에 주의를 기울이고, 각각의 상태와 다시 연결하고, 어떤 이름이 떠오르는지 지켜보라(맑음·폭풍우·안개, 흐름·혼돈·붕괴, 연결·활성화·사라짐). 서로 잘 어울리고 자신의 경험을 잘 표현하는 세 단어를 찾을 때까지 계속해서 흥미를 끄는 이름 조합을 찾아보라.

풍경을 볼 때 우리는 인간의 행동과 자연적인 사건이 만들어 낸 방식을 본다. 이런 풍경 이미지를 통해 자율신경계의 상태를 파악할 수 있다. 각각의 자율신경 상태는 저만의 풍경을 가지고 있다. 일상의 비반응적 상태, 생존 상태, 안전 및 연결 상태에 대한 풍경이 있다. 다음 실습에서는 자신의 자율신경 풍경을 기록하기 위한 노트를 작성하도록 제안한다. 한 단어나 글머리 기호 또는 더 긴 글을 작성할 수도 있고, 아니면 예술적인 형식(그림, 사진, 콜라주)을 선택할 수도 있다.

실습: 조절 모드의 풍경

배 쪽 미주신경의 조절 세계로 모험을 떠나자. 그곳으로 가는 길을 찾으려면 이 상태에 붙여 준 이름을 기억하면서 몸 안에서 조절하는 에너지의 흐름이 느껴지는 곳으로 이동한다. 아주 작은 순간이라도 안전 및 연결감을 느꼈던 때를 떠올리면서 그때의 기억과 연결해 보라. 안정적으로 조절감을 느끼는 방법을 찾을 때까지 계속해서 시도해 보라. 만약 그렇게 되었다면 주위를 둘러보라. 아마도 당신의 실제 환경, 자연의 요소, 또는 집이 보일 것이다. 색깔을 보거나 에너지를 느낄 수도 있다. 기회를 제공하고 실습으로 초대하는 이 조절의 공간에 머물면서 잠시 시간을 내어 발견한 것을 기록하라.

다음으로 등 쪽 미주신경계와 교감신경계의 일상적인 경험을 실습해 보자. 생존 기능으로서의 역할이 아닌 건강과 웰빙을 지원하는 일상적인 행동 말이다. 등 쪽 미주신경계의 느리고 일정한 박동으로 시작한다. 이곳의 풍경은 어떠한가? 어떤 이미지, 색깔, 단어, 에너지 감각이 있는가? 당신을 풍요롭게 하고 웰빙에 필수적인 이 안전하고 일상적인 등 쪽 미주신경의 경험에서 그 풍경의 특징을 떠올리고 기록하라.

이제 교감신경계의 풍경으로 이동한다. 이는 투쟁-도피가 아닌 안전에서 활성화되고, 심장과 호흡의 리듬을 도와주고, 체온을 조절하며, 몸을 움직일 수 있게 해 주는 에너지를 동원하는 풍경이다. 이곳은 어떤가? 어떤 이미지, 색깔, 단어가 떠오르는가? 에너지와 움직임의 방식이 등 쪽 미주신경의 그것과 비슷하거나 혹은 다른 점에 주의를 기울여 보라. 발견한 것을 기록하라.

처음 시작했던 배 쪽 미주신경의 안전 및 조절 상태로 돌아가서 조절된 신경계의 세 가지 풍경을 되돌아보는 것으로 실습을 마무리한다.

실습: 생존 모드의 풍경

조절되고 비반응적인 풍경에 대한 알아차림과 함께, 다음 실습은 생존 모드의 풍경을 살펴보는 것이다. 매몰되지 않으면서 이 장소들을 탐색하기 위해 배 쪽 미주신경의 풍경에 닻을 유지한 채 다른 상태를 살펴볼 것이다. 나의 배 쪽 미주신경의 풍경은 바다 옆에 있다. 그곳에 안전하게 닻을 내리고 있음을 떠올리기 위해 나는 해변의 조약돌을 가져가는 상상을 한다. 당신의 배 쪽 미주신경의 풍경에서 가져갈 수 있는 무언가를 찾아보라.

안전과 조절에 내린 닻을 기억하면서 등 쪽 미주신경 상태로 나아가 생존 모드의 풍경을 살펴보라. 당신이 세상과 단절되었다고 느끼고 절망적이라고 느꼈던 순간으로 들어가 보라. 비반응적인 일상적 풍경과 다른 점에 주목하라. 생존 모드의 풍경은 단절과 붕괴를 통해 우리를 보호한다. 작동 중지로 끌려들어 가는 느낌이 들기 시작하면 배 쪽 미주신경의 풍경에서 가져온 것에 주의를 기울이고, 당신이 여전히 그곳의 안전과 조절에 연결되어 있음을 기억하라. 등 쪽 미주신경의 풍경에서 발견한 특징을 노트에 기록하라.

다음으로 너무 많은 에너지가 있는 교감신경의 생존 모드로 들어간다. 이곳은 다소 무질서하고, 혼란스럽고, 투쟁-도피 반응을 일으킬 때의 느낌이 든다. 불안이나 분노의 감정에 사로잡혔던 때를 떠올려 보고 그 상태로 살짝 다가가 보라. 주위를 둘러보면 무엇이 보이는가? 이곳에서 길을 잃고 교감신경의 생존 에너지에 휘둘리지 않기 위해 배 쪽 미주신경의 풍경에서 무언가를 가져왔음을 기억하라. 여기에서 발견한 것을 노트에 기록하라.

이제 연습을 마치며, 처음 시작했던 배 쪽 미주신경의 안전과 연결의 풍경으로 돌아온다. 여기서 잠시 휴식을 취하면서 두 가지 생존 모드의 풍경에서 발견한 것을 숙고해 보는 시간을 가져본다.

자율신경계는 부동화, 활성화, 조절 및 조절 행동을 이끈다. 우리는 배쪽 미주신경계의 조절에 대한 내재된 갈망과 그곳에 도달하는 법에 대한 체화된 지혜를 갖고 있다. 투쟁, 도피, 붕괴에서 연결로 되돌아가는 길은 모두의 내면에 존재한다. 개인적 삶의 경험으로 인해 길이 모호하거나 잘 보이지 않을 수 있지만, 우리의 생명 활동은 그 길을 알고 있으며 언제든 우리는 제자리로 돌아갈 수 있다.

3장

신경계에
귀 기울이기

몸은 내게 말로 할 수 없는 것을 말한다.

-

마샤 그레이엄,
〈뉴욕타임스〉 인터뷰, 1985

귀 기울이기는 자율신경계와 친숙해지는 데 필수적인 부분이지만, 처음에는 조율하고 귀 기울이는 일이 매우 이상하게 느껴질 수 있다. 말 그대로 자율신경계는 우리가 주의를 기울이지 않아도 알아서 잘 작동하기 때문이다. 하지만 몸에서 일어나는 일에 귀 기울이고 주의를 두는 행위를 통해 우리는 신경계에 대한 어느 정도의 관리와 삶에서 더 큰 조절 능력을 얻게 된다. 귀 기울이는 법을 배우면 단순히 반응하는 것이 아니라 성찰하는 능력이 생긴다. 또한 신경계와 협력하는 법을 배우면서 웰빙을 경험하기 시작한다.

신경계와 협력하는 일은 두 단계의 과정이다. 첫째 신경계가 어떻게 작동하는지 이해하고, 둘째 행복한 삶을 살아가기 위해 그런 정보를 이용할 필요가 있다. 사람들은 종종 신경계와 관계를 맺을 때, 우리가 생각하고 느끼고 행동하는 모든 것이 단순히 생명 활동의 결과임을 발견하게 되는지 묻곤 한다. 그 질문에 대한 나의 대답은 '아니오'이다. 자율신경계가 작동하는 방식을 이해하는 것은 세상을 살아가는 방식에 대한 수수께끼를 풀어 주지만 또한 인간 경험의 마법을 불러일으키기도 한다. 생명 활동이 어떻게 경험을 위한 토대를 만들고 자율신경계 상태가 어떻게 우리의 이야기를 위한 풍경을 설정하는지 이해하면, 삶을 특별하고 기적적인 경험으로 만드는 다양한 마법의 순간을 받아들일 수 있게 된다.

다미주신경 이론에 근거해서 느낌, 생각, 행동을 이해하는 일은 경험에 휘둘리는 대신 경험과 함께할 수 있는 길을 제시한다. 감정에 휩싸일 때 우리는 조절을 위한 연결감을 잃고 성찰하는 능력을 잃는다. 배 쪽 미주신경의 안전과 조절에 닻을 내림으로써 우리는 자신의 상태와 연결되고, 성찰에 필요한 거리를 두어 자신의 이야기를 들을 수 있다. 신경계에 귀 기울이는 법을 배우면 호기심을 갖고 자신의 경험에 직면할 수 있는 기술을 갖추게 되고, 단순히 반응하기보다 대응하는 능력을 되찾게 된다.

자율신경계에 귀 기울이는 일은 자기자비(Self-Compassion)에 대한 필요성과 불가분의 관계에 있다. 자기자비는 배 쪽 미주신경계의 새로운 속성이다. 생존 모드에서는 자기비판이 자동적으로 활성화되고 안전과 연결에서 방어 모드로 이동해 자기자비 능력을 잃게 된다. 우리에게 고통의 순간을 인식하고 자율신경 상태를 알아차리는 능력이 있다면 단순히 조절장애 상태로 더 깊이 휩쓸려 가는 대신 자각의 순간으로 옮겨 갈 수 있다.

크리스틴 네프와 크리스토퍼 거머는 우리가 고통의 순간에 사용할 수 있는 사랑스럽고 간단한 자비 훈련을 개발했다. 자기비판에서 자기자비로 옮겨 가는 것을 돕기 위해 고안된 이 훈련을 연습해 보기 위해 고통스러운 순간을 떠올리면서 다음 세 문구를 읽어 보자.[1]

1 지금은 괴로운 순간이다.
2 괴로움은 삶의 일부이다.
3 나 자신에게 친절하기를.

만약 마음이 진정된다면 가슴에 손을 얹고 이 문구를 반복할 수 있다.

실습: 신경계의 언어

이제 세 문구의 본질을 신경계의 렌즈를 통해 살펴보고 다시 써 보자. 나의 문구는 다음과 같다.

1 나의 신경계는 생존 반응 중이다.
2 방어의 순간은 누구에게나 일어난다.
3 지금 이 순간 배 쪽 미주신경계의 에너지를 가져오기를.

첫 번째 문구는 조절장애 상태에 들어갔음을 인식하는 것이다. 연결에서 방어로의 이동을 묘사하는 말을 찾아보라. 두 번째 문구는 조절장애의 보편적인 경험을 인식하는 것이다. 어떤 말이 당신에게 그것을 전달하는가? 세 번째 문구는 배 쪽 미주신경이 재연결되는 순간으로 초대한다. 당신은 그것을 어떻게 말할 것인가?

이제 자신만의 세 가지 문구를 가지고 마음속 고통의 순간, 즉 투쟁-도피의 에너지를 느끼거나 연결에서 붕괴로 끌려가기 시작하는 순간을 떠올려 보라. 생존 에너지의 일부를 신경계 안에 두고 자신의 세 가지 문구를 스스로 말해 보라. 그 문구가 자기자비에 연결되는 조절로 되돌아가는 길을 찾는 데 도움이 되는가? 필요하다면 자기자비로 연결되는 데 도움이 되는 단어를 찾을 때까지 자신만의 문구를 다시 써 보라.

자율신경 조절장애의 한순간 또는 아주 미세한 순간을 알아차리고, 그것에 약간의 자기자비를 불러옴으로써 우리는 귀 기울이는 과정에 들어간다. 기자이자 글쓰기 강사인 브렌다 유랜드는 경청을 "대단히 매력적이고 이상한 것, 창조적인 힘"이라고 묘사한 적이 있다. 2

자율신경계에 귀 기울이기는 바로 그런 경험이다. 일단 시작하면 귀 기울여 듣기가 어디로 이어질지 계속해서 확인하려는 강한 끌림이 생긴다. 신경계에 귀 기울이는 일은 확실히 익숙하지 않은 경험이지만, 배 쪽 미주신경의 조절에 닻을 내리고 있을 때 우리는 익숙하지 않은 것을 위험의 단서로 경험하기보다 흥미로운 것으로 경험한다. 자율신경계에 귀 기울이는 일은 신경계에 적합한 훈련 방법을 찾는 데 창의성을 부여한다.

친교의 순간에 참여하고 귀 기울이는 법을 배우는 것은 자신의 경험과 세상을 바라보는 방식을 변화시킨다. 우리의 생명 활동은 매 순간을 만들어 내고 우리가 세상을 살아가는 방법을 알려 준다. 자율신경계 반응의 패턴을 이해하면 자신과 타인을 새로운 방식으로 이해할 수 있다.

우리는 많은 시간을 의식적인 자각 없이 자율신경 상태의 변화에 따른 흐름을 따라간다. 신경계는 순간의 욕구를 충족하기 위해 에너지를 증가시키거나 감소시키면서 배경에서 안정적으로 작업을 수행한다. 잠시 멈추어 귀 기울여 보라. 가슴에 손을 얹고 심장박동을 느껴 보라. 가슴, 복부, 옆구리 갈비뼈 또는 등에 손을 얹어 호흡의 움직임을 찾거나 콧구멍 아래에서 숨을 느껴 보라. 자율신경계가 유도하는 리듬에 맞추어 보라. 잠시 여유를 갖고 각각의 박동, 들숨과 날숨에 주의를 기울여 보라. 얼마나 많은 에너지와 주의가 필요한지 느껴 보라. 실제로 이런 자율신경 기능에 대해 생각해야 한다면 우리의 모든 주의가 생명 활동에 집중될 것이다. 자율신경계의 자동성은 우리가 창조적인 일, 상상하기, 세상의 다른 사람들과 연결하기와 같은 다른 일에도 주의를 기울일 수 있게 해 준다.

우리가 귀 기울이고 지켜보지 않아도 자율신경계는 작동하지만 자율신경 상태를 조율하는 법을 배우는 것은 매우 중요한 기술이다. 우리는 종종 무엇이 우리를 그렇게 반응하게 하는지 알지 못한 채 생각하고 느끼고 행동한다. 그것이 어디에서 온 것인지도 모른 채 어떤 신념에 사로잡혀 있던 때를 떠올려 보라. 아마도 '나는 실패자야', '나는 부적응자야', '나는 축복받은 사람이야'라고 생각하는 자신을 발견할 것이다. 이유도 모른 채 어떤 감정에 사로잡혔던 때를 생각해 보라. 행복한 사람들과 함께 있어도 슬펐던 기억, 평범한 하루였음에도 설렘으로 가득 찬 채 아침에 눈을 떴던 기억이 있을 것이다. 예상치 못했던 느낌을 찾아보라. 마지막으로 이유도 모른 채 특정한 방식으로 행동했던 때를 기억해 보라. 어쩌면 이해할 수 없는 상황에 대해 격한 반응을 보이거나, 그것에 대해 생각조차 하지 않고 행동에 옮겼던 자신을 발견할 수도 있다.

우리는 자신을 안내하고 보호하기 위해 자율신경계에 의존한다. 우리는 생명 활동이 호흡과 심장박동을 조절하고, 에너지를 활성화하면서 평온을 회복하며, 현재 순간에 적절한 방식으로 사람과 장소와 경험에서 멀어지거나 가까워지도록 하는 생각·느낌·행동을 일으키기를 기대한다. 또한 의도적으로 조율하고 귀 기울일 수 있기를 바란다. 귀 기울이기는 자율신경을 알아차리는 행위이며 신경계를 조절하는 법을 배우는 데 필수적인 요소이다. 알아차리면 이해할 수 있고 이해하면 선택할 수 있다.

메리엄-웹스터(Merriam-Webster) 온라인 사전은 경청을 '사려 깊은 주의를 기울여 듣는 것'으로 정의한다.[3] 자율신경계의 반응과 신경계가 우리를 어디로 데려가는지에 귀 기울이는 법을 배울 때 사려 깊은 주의의 필수적인 요소 또한 가져올 필요가 있다. 알아차림의 순간 우리는 종종 판단과 자기비판을 느낀다. 생명 활동은 동기를 부여하거나 도덕적 의미를 만드는 것이 아니라 단지 반응한다는 사실을 잊고 그것에 의미를 부여한다. 따라서 자율신경의 행위에 의도가 있다고 생각하는 대신 우리의 행동, 느낌, 신념이 자율신경 상태에서 나오며 자율신경계는 생존을 위해 작동하고 있음을 기억할 필요가 있다.

자율신경계가 당신을 어디로 데려가는지 탐색하면서 판단과 자기비판으로부터 멀리 떨어져 경험에 대한 호기심과 자비심을 불러일으키고, 자율신경계에 귀 기울이고 다가가는 법을 배우는 것은 도전적인 과제이다. 내가 자율신경계에 귀 기울이고 거기에 다가가기 위해 사용하는 문구는 다음과 같다.

"나의 생명 활동은 나에게 메시지를 보내길 원한다."
"내가 할 일은 단지 그것에 귀 기울이는 것이다."

"나는 의미를 부여할 필요 없이 조율하고 다가가서 귀 기울일 수 있다."

귀 기울이는 과정에서 호기심과 자기자비를 불러일으키기 위해 스스로에게 어떤 말을 할 수 있을까? 뇌가 아닌 자율신경계가 '예'라고 말할 때 적합한 문구를 찾으면 알 수 있다. 자율신경계는 접근, 회피, 양가감정을 느끼는 경험에서 중요한 역할을 한다. 각 자율신경 상태는 우리가 '예', '아니오', '아마도'라고 말하는 방식에 관여한다. 이런 경험이 일어나는 다양한 방식을 알고, 어떤 자율신경 상태가 메시지를 보내는지 식별하는 능력은 필수적인 기술이다.

실습: 자율신경 상태 경험하기

- **'예' '아니오' '아마도'**

먼저 '아니오'라고 말하는 다양한 특징을 탐색해 보자. 교감신경계와 투쟁-도피의 에너지 상태에서 당신은 어떻게 '아니오'라고 말하는가? 등 쪽 미주신경의 붕괴 상태에서 무슨 일이든 상관없다는 식의 태도를 취할 때 '아니오'라고 말하는 것은 무슨 특징이 있는가? 그리고 배 쪽 미주신경의 조절에 닻을 내리고 안전한 상태에서 경계를 설정하고 있을 때는 무엇을 경험하는가?

이제 당신이 확신하지 못하는 어떤 것에 대해 생각해 보라.

자율신경계는 어떻게 양가적인 반응을 보이는가? 각각의 상태가 메시지를 보내는 방식을 실험해 보라. 당신이 너무 많은 에너지로 충전되어 있고 공포 또는 불안으로 인해 결정을 내리지 못할 때 '아마도'라고 말하는 방식을 탐색해 보라. 에너지가 소진되고 절망적이며 질문조차 처리할 수 없는 상태에서 나타나는 '아마도'의 특징을 느껴 보라. 안전하고 가능성을 열어 주는 방식으로 '아마도'라고 말할 수 있는 조절된 경험을 찾아보라. 마지막으로 '예'로 옮겨 가 보자. 당신의 자율신경계는 그것을 어떻게 보여 주는가? 누군가가 부탁을 하면 선택의 여지 없이 들어주어야 할 것 같이 느껴질 때 '예'라고 말하는 것은 어떻게 들리고 어떻게 느껴지는가? 무슨 일이 일어나는지 신경 쓸 여력 없이 절망적인 순간에 '예'라고 말할 때 무슨 일이 벌어지는가? 그리고 당신이 안전한 조절 상태에서 반응을 선택할 수 있을 것 같이 느낄 때는 어떻게 '예'라고 말하는가? 당신이 기꺼이 참여하고 앞으로 나아가는 데 관심이 있는 배 쪽 미주신경에 닻을 내린 채 '예'라고 말하는 법을 연습해 보라.

실습: 호기심에 닻 내리기

신경계가 어떻게 '아니오', '아마도', '예'에 관한 정보를 보내는지 이해했다면, 다음 단계는 조절된 상태에서 '예'라고 말하고 호기심에 귀 기울이는 상태에 닻을 내려 머물게 하는 문구를 발견하는 데 주의를 돌리는 것이다. 내가 사용하는 문구는 "나는 무엇이 가능한지 볼 준비가 되었다"이다. 신경계를 조율하고 귀 기울이는 과정을 탐색하기 위해 '예'라고 말하는 데 도움이 되는 문구를 찾을 때까지 단어를 활용해 보라. 호기심에 닻을 내리고 귀 기울이는 새로운 방식을 탐색하면서 판단으로부터 멀어지게 하는 자신만의 문구를 사용하라.

지금 이 순간 당신이 어디에 있는지 주의를 기울여 보라. 지금 어떤 상태에 머물러 있는가? 앞서 교감, 배 쪽, 등 쪽 미주신경 상태의 특성을 살펴보았던 2장으로 되돌아가 생각해 볼 수도 있다. 배 쪽의 안전하고 연결되고 정돈되고 자원이 풍부한 느낌, 연결에서 투쟁-도피로 데려가는 교감신경계의 자원을 동원하는 에너지 홍수, 등 쪽의 무너져 내리고 무감각해지고 사라지는 느낌, 당신이 지금 어디에 있는지 확인하기 위해 이런 신호를 활용하라. 어떤 상태가 생생하게 느껴지는가? 호기심에 닻을 내리기 위해 당신이 만든 문구를 사용해 내면을 안전하게 탐색하고 상태를 알아차릴 수 있다.

이런 귀 기울이기 방식에 익숙해지면 현재의 순간에서 가까운 과거로 실습을 확장한다. 지난 5분 동안 자율신경계가 당신을 어디로 데려갔는지 생각해 보라. 어떤 상태에 있었는가? 핵심은 의미를 만들지 않고 단순히 조율하고 귀 기울이는 것이다. 연습을 통해 15분 또는 그 이상 성찰을 확장할 수 있다. 이런 방식으로 성찰의 기술을 익히면 일과 시간 동안 멈추거나 규칙적으로 귀 기울이기를 할 수 있고 하루를 정리하는 시간에 성찰의 시간을 가질 수도 있다. 한 가지 방법으로만 연습할 수 있는 건 아니다. 오히려 이 작업은 당신의 신경계가 '예'라고 말하는 시간으로 정해진다. 어떤 방식으로 귀 기울이든 이 탐색은 일상을 살아가면서 경험하는 자율신경 상태를 알아차리고 거기에 연결되는 방법이다.

이것이 귀 기울이기의 기본이다. 자신의 상태를 조율하고 알아차리면서 다음 몇 가지 질문을 탐색해 보라. 이런 것들이 익숙한가? 자주 경험하지 않는 상태를 발견했는가? 잘 아는 패턴을 알게 되었거나 혹은 흥미로운 새로운 패턴이 나타났는가? 이 과정은 의미를 만드는 게 아니라 정보를 모으는 경험임을 기억하라. 시간을 내어 배운 것을 성찰하고 노트에 기록하라.

실습: 안팎으로 귀 기울이기

자기자비와 호기심을 가지고 귀 기울이는 법에 대한 초기 실습을 완료했으니, 이제 귀 기울이는 두 가지 다른 방식을 생각할 수 있다. 외부에서 내부로 그리고 내부에서 외부로 옮겨 가는 방식이다. 대개 처음에는 외부에서 내부로 귀 기울이는 게 더 쉽다. 외부에서 내부로 귀 기울이기를 위해 다음 질문들을 사용할 수 있다.

나는 어디에 있는가?(시공간에서의 위치)
환경에서 무슨 일이 벌어지고 있는가?
주변에 누가 있는가?
나는 무엇을 하고 있는가?
어떤 상태가 활성화되었는가?

이 질문들은 호기심을 불러일으키고, 구체적인 외적 경험을 식별하며, 자율신경 상태를 확인하기 위해 만들어진 것임을 인식하라. 이 다섯 가지 질문을 외부에서 내부로 귀 기울이는 연습을 위해 사용하라.

내부에서 외부로 귀 기울이는 것도 중요한 연결 방법이다. 외부에서 내부로 귀 기울이는 것과 마찬가지로, 내부에서 외부로 귀 기울이는 방식을 실습할 때의 목표는 호기심을 유지하고 의미 부여에서 벗어나는 것이다.

내 몸에서 무엇을 느끼는가?
에너지가 움직이는 곳은 어디인가?
에너지가 움직이지 않는 곳은 어디인가?
충만함을 느끼는가?
공허함을 느끼는가?

지금 이 순간 어떤 상태가 활성화되었는가?

첫 번째 목록과 비슷하게 이런 질문들은 호기심을 불러일으키고, 자신의 자율신경계 상태와의 연결을 지원하는 내적 경험으로 주의를 가져오기 위해 만들어졌다.

이번 장을 마치기 전에 신경계의 메시지에 다시 한번 귀 기울여 보자. 스스로를 신경계에 대해 배우는 자유로운 탐험가라고 상상해 본다. 잠시 멈추어 보라. 당신을 둘러싼 활동의 흐름에서 벗어나 자율신경 활동의 내적 세계와 연결되어 보라. 비유적으로 내적 연결로 가는 단계를 거칠 수도 있고, 물리적으로 자신을 둘러싼 세계의 흐름에서 벗어나 내면을 돌아보고 귀 기울이는 데 필요한 고요함을 가져다주는 공간으로 나아갈 수도 있다. 의미를 부여하려는 마음을 잠시 뒤로 하고 단순히 자율신경계의 작동에 호기심을 가질 수 있는 곳으로 나아가라.

잠시 그곳에 머물러 보라. 단지 주의 깊게 귀 기울이고 있음을 기억하라. 어떤 자율신경의 에너지가 마음을 뒤흔드는 것을 느끼는가? 신경계가 보내는 메시지는 무엇인가? 호기심을 갖고 그런 메시지에 주의를 기울이고 판단 없이 귀 기울여 보라. 신경계가 알려 주길 원하는 것이 무엇인지 들었다면 현재의 순간과 외적인 알아차림으로 되돌아오라. 자율신경계와의 연결감을 가져오라. 이런 내적 연결이 언제든 가능하다는 사실을 기억하면서 주의를 기울이고 귀 기울이는 일을 지속하려는 의도를 가져 보라.

　신경계는 자신의 언어로 말한다. 따라서 귀 기울이려면 신경계의 언어를 이해할 필요가 있다. 새로운 언어에 능숙해지는 데는 시간과 노력이 필요하다. 호기심을 가지고 대화에 들어갈 때, 알아차림의 표면 바로 아래에 있는 에너지와 연결되고 삶을 만들어 가는 자율신경의 이야기를 들을 수 있다.

4장

나, 타인, 세상,
영혼과 연결하기

나는 전체, 공동체, 국가, 민족,
지구에 속하기에 인간이다.

–

데스몬드 투투 대주교,
《관계를 치유하는 힘 존엄》의 서문 중에서

우리는 연결로 이루어진 세상에서 살아간다. 우리는 태어나서 몸, 환경, 타인과의 관계 안에서 안전을 느끼는 긴 여정을 시작한다. 스티븐 포지스 박사가 내게 자주 말하듯이, 우리의 갈망은 단순히 안전함을 느끼는 것이 아니라 다른 사람의 품 안에서 안전함을 느끼는 것이다. 상호조절 없이는 생존할 수 없다는 의미에서 이를 소위 생물학적 명령이라 부른다. 인간은 다른 사람에게 환영받고자 하는 욕구를 가지고 태어나며, 이런 필수적인 욕구는 평생 지속된다. 진화생물학자 테오도시우스 도브잔스키는 저서 《인류 진화론(Mankind Evolving)》에서 "생존은 종종 상호 조력과 협력을 필요로 하기 때문에 적자(適者)도 가장 온화할 수 있다"라고 썼다.[1] 기본적인 생존 욕구는 충족되지만 사람들과의 안전하고 예측 가능한 연결감이 없을 때 어떤 일이 일어나는지는, 보육원에서 자라거나 안정된 어른이 없는 가정에서 자란 아이들의 사례에서 찾아볼 수 있다. 연결 없이는 감정을 조절하는 데 큰 어려움을 겪고, 자존감이 낮아지고, 지속할 수 있는 건강한 대인관계를 만들려고 애쓰게 된다. 비록 우리가 연결할 사람을 능동적으로 찾는 것을 포기할 수도 있지만, 우리 신경계는 연결을 찾고 기다리고 갈망하는 일을 절대 멈추지 않는다. 죽을 때까지 우리는 안전하고 믿을 만한 연결을 갈망한다. 그런 점에서 상호조절은 첫째 생존을 위해, 둘째 건강하고 풍요로운 삶을 위해 필수적이다.

연결에 대한 욕구를 충족하기 위해 항상 균형 있는 대인관계를 가져야 하는 것은 아니다. 실제로는 연결감을 느끼고, 관계의 균열을 경험하고, 다시 관계를 회복하는 법을 찾을 때 관계에서의 회복탄력성이 길러진다. 연결에 대한 갈망이 괴로움으로 다가오는 것은 오직 관계의 회복 없이 균열이 일어날 때이다. 상호성, 균열, 회복의 순환은 건강한 관계의 본성이다.[2]

우리는 연결을 위해 관계를 맺고 연결을 원하며 연결을 기다린다. 하지만 너무 자주 관계들 속에서 보이지 않고, 이해받지 못하고, 환영받지 못하고, 안전하지 못하다고 느낀다. 뉴로피드백의 최고 전문가인 세번 피셔는 안전하고 예측 가능하게 상호조절할 수 있는 사람들과 함께하는 경험, 그녀가 '타인 조직화하기'라고 부르는 경험을 하지 못하면 신경계가 충격을 받게 된다고 주장한다.[3] 체화된 수준에서 우리는 조절되고 안전하며 환영해 주는 사람들과의 연결 순간에 자양분을 공급받으며, 그런 경험을 충분히 갖지 못할 때 충격을 받는다.

연결의 결핍은 건강 문제와 일상의 괴로움을 만들어 낸다. 연결의 끊어짐이 가져오는 결과에 관한 연구는 외로움이 신체 및 심리적 질병의 위험을 높인다는 사실을 보여 준다. 면역 기능에도 영향을 주어 염증 수준이 높아지고 암, 심장병, 당뇨병의 위험도 커진다. 지속되는 불안이나 우울로 고통받고 나이가 들어감에 따라 이런 위험은 더 증가한다.[4] 이 연구의 흥미로운 점은 실제 환경이 아니라 외로움에 대한 지각이 위험을 만든다는 것이다.[5] 우리는 사람들과 함께하면서 연결감을 느낄 수 있고, 사람들과 함께 있으면서도 깊은 외로움을 느낄 수 있다. 사람들과 함께 있으면서 단절감과 연결감을 느꼈던 때를 생각해 보라. 우리는 이 두 가지를 모두 흔하게 경험한다. 첫 번째는 교감신경의 투쟁-도피 또는 등 쪽 미주신경의 작동 중지와 붕괴를 가져오고,

두 번째는 배 쪽 미주신경의 안전과 연결에 닻을 내린 느낌을 준다.

사회적 참여 체계

—

우리의 생명 활동은 사회적 참여 체계(Social Engagement System)를 포함하도록 진화해 왔다. 배 쪽 미주신경의 구성 요소가 추가되었을 때 다섯 개의 회로가 뇌간에 연결되었고 인간의 사회적 참여 체계가 작동하게 되었다. 심장으로 가는 배 쪽 미주신경 경로는 눈, 귀, 목소리, 머리가 움직이는 방식을 조절하는 신경과 함께 작동하며 사회적 참여 체계가 얼굴과 심장을 정밀하게 연결하도록 만든다.

사회적 참여 체계의 위치를 찾으려면 뇌간이 척수와 만나는 두개골 바닥에 손을 대 보라. 이곳이 사회적 참여 체계의 중심부이다. 이제 한 손은 얼굴 옆에 두고 다른 한 손은 심장 위에 놓는다. 양손 사이를 오가며 얼굴에서 심장으로, 심장에서 얼굴로 에너지가 움직인다고 상상해 본다. 양방향으로 경로를 따라가 보라. 이런 얼굴-심장 사이의 연결을 통해 우리는 반겨 주는 사람의 소리를 듣고, 친근한 얼굴을 찾고, 안전을 찾아 고개를 돌리거나 기울인다. 미세한 순간순간 눈, 귀, 목소리, 머리의 움직임을 통해 우리의 사회적 참여 체계는 사람들과 연결하기 위한 초대의 신호를 보내거나 거리를 유지하기 위해 경고의 신호를 보낸다. 환영 또는 경고의 신호를 보내는 일 외에도, 사회적 참여 체계는 연결되어도 안전하다는 사실을 우리에게 알려 주기 위해 다른 사람들로부터 신호를 찾는다.

실습: 사회적 참여 체계의 요소

● 눈의 신호

눈을 시작으로 한 번에 하나씩 사회적 참여 체계의 요소를 탐색해 보자. 눈 주위에는 눈둘레근(Orbicularis Oculi)이라고 불리는 근육이 있다. 이 근육은 눈꺼풀을 여닫는 역할을 하며, 자율신경계 활동의 결과로 생기는 눈꼬리 잔주름(Crow's Feet)의 원인이 된다. 얼굴의 위쪽 3분의 1은 누가 친구인지 혹은 적인지 알아보기 위해 자율신경계가 가장 먼저 살피는 곳이다.

눈은 하루에 아주 여러 번 움직인다. 때때로 빤히 쳐다보거나 부릅뜨고, 어떤 때는 중립적인 시선을 갖고, 어떤 때는 따뜻하고 매력적인 시선을 보내기도 한다. 이 세 가지 시선을 실험해 보자. 눈을 부릅뜨고 강렬하게 집중된 시선을 보내 보라. 명확한 목적을 가지고 메시지를 보낼 때 안와(眼窩)에서 눈이 돌출되는 것처럼 느껴질 수 있다. 이제 더 중립적인 시선으로 옮겨 가 보자. 이는 약간 집중이 덜 된 행동으로 눈이 안와 속으로 다시 들어가는 느낌이 들 수 있다. 이런 방식으로 시선을 보낼 때는 많은 정보를 전달하지 않으며 위험과 안전을 평가하려는 상대방에게 혼란을 줄 수 있다. 마지막은 응시하기다. 부드럽고 따뜻한 시선을 보내 보라. 연결을 위한 초대와 안전의 신호를 보낼 때 당신의 눈이 안와 속에서 편안해지는 것을 느껴 보라. 우리는 하루에 여러 번 이런 미묘한 시선 사이를 자연스럽게 오간다. 맥락이라는 중요한 요소가 없다면(1장 참조), 우리는 과거의 경험을 통해 자신이 받는 시선을 필터링하고 연결을 향해 나아가거나 그로부터 멀어진다.

● **안전과 위험의 소리**

귀는 사회적 참여 체계의 또 다른 중요한 부분이다. 우리가 안전하다고 느끼고 조절될 때 청각은 인간의 목소리에 주파수를 맞추고 친교의 소리에 귀 기울인다. 반대로 불안하거나 불편해지면 안전을 지키기 위해 위험의 소리와 포식자의 존재에 귀 기울인다. 일반적으로 저주파 소리는 투쟁이나 붕괴 반응을 가져오고, 고주파 소리는 문제의 원인을 찾으려고 할 때 우리의 주의를 집중시킨다. 다양한 소리에 귀 기울이면서, 당신이 더 가까이 다가가고 싶은 욕구로 연결에 이끌리는지 혹은 멀어지고 단절되기를 원하는지 알아차림으로써 소리에 대한 자율신경 반응을 탐색할 수 있다.

우리의 주변 환경은 소리로 가득 차 있어서 소리풍경(Soundscape)을 만들어 낸다.[6] 시간을 갖고 소리풍경에 귀 기울여 보라. 주변에서 어떤 소리가 들리는가? 듣는 동안 소리의 첫 번째 층 아래로 알아차림을 옮겨 가 소리풍경을 구성하는 다양한 소리에 귀 기울여 보라. 일상에서 자신을 둘러싸고 있는 소리풍경과 신경계가 반응하는 방식을 알아차려 보라. 내가 해변에서 찾은 소리풍경은 환영받는다고 느껴지는 장소이다. 당신을 초대하는 소리풍경은 어디에 있는가?

소리풍경은 사운드마크(Soundmark)라고 불리는 특정한 소리로 채워져 있다. [7] 어떤 사운드마크는 조절에 닻을 내리도록 돕는 반면, 다른 사운드마크는 자원을 동원하거나 작동 중지 상태로의 이동을 촉진한다. 내게는 파도와 바닷소리가 배 쪽 미주신경에 닻을 내리게 하는 사운드마크이지만, 다른 사람에게는 동일한 소리가 교감신경의 투쟁-도피나 등 쪽 미주신경의 작동 중지 상태로의 이동을 활성화할 수 있다. 당신이 접하는 다양한 환경에서 사운드마크에 귀 기울여 보라. 어떤 소리가 당신을 반겨 주고 어떤 소리가 당신에게 경고 신호를 보내는가? 배 쪽 미주신경에 닻을 내리고 자신에게 중요한 사운드마크를 알아차리는 데 도움이 되는 소리풍경을 상상해 보라. 안전과 조절에 닻을 내리도록 돕는 사운드마크를 확인할 수 있으면 자율신경이 자양분을 공급받도록 우리의 소리풍경을 만들 수 있다.

운율이라는 단어는 목소리의 억양과 리듬을 설명하기 위해 사용된다. 운율은 목소리의 음악이라고 생각할 수 있다. 어조와 말할 때 목소리의 높낮이를 통해 우리는 잠재적인 의도를 전달한다. 신경계는 어떤 정보를 받아들이기 전에 이런 억양에 귀 기울인다. 우리는 환영하는 어조를 들으면 대화에 귀 기울이고,

경고하는 어조를 들으면 위험 신호에 주의를 기울이며 단어들의 의미는 퇴색된다. 우리는 단어의 의미를 찾기 전에 단어의 소리에 귀 기울인다.

우리는 단어 외에 보컬 버스트(Vocal Burst)라고 불리는 비언어적인 소리를 통해서도 의사소통을 한다. 일상적인 대화에서 흔히 사용하는 '음', '어', '오' 같은 소리이다. 보컬 버스트는 보편적으로 통용되는 소리이다. 이것들은 문화권을 넘어서, 심지어 종(Species)을 넘어서도 인지된다(반려동물과 이야기할 때 이런 소리를 사용한다). 우리는 단어 없이도 명확하게 의사소통을 한다. 단어를 찾기 어렵고 무슨 말을 해야 할지 잘 모를 때 보컬 버스트를 사용해 다른 사람에게 의도를 확실히 전달할 수 있음을 기억하면 안심이 된다.[8]

● **머리 움직임이 보내는 메시지**

마지막으로 머리를 기울이고 돌리는 방식을 살펴보자. 자연스럽게 고개를 움직이고 살짝 돌리거나 기울이는 행위는 안전의 신호이다. 고개를 똑바로 들고 움직이지 않는 상태에서 말할 때와 자연스럽게 머리를 움직이면서 말할 때 어떤 일이 일어나는지 비교해 보면 이에 대한 감을 잡을 수 있다. 단순하고 중요하지 않은 움직임처럼 보일 수 있지만, 실제로 우리가 고개를 돌리거나 기울일 때 안전에 관한 의미 있는 신호를 보내고 있는 것이다.

연결의 경로

—

우리는 자기 자신과 타인, 세상, 영혼에 대한 필수적인 연결을 통해 자양분을 얻는다. 이런 연결은 신경계에 기반을 두고 있다. 배 쪽 미주신경의 안전과 조절에 닻을 내릴 때 우리는 연결할 준비가 되어 있다. 배 쪽 미주신경에서 닻을 잃어 버리면 연결을 위한 능력 또한 잃게 된다. 네 가지 연결(자기, 타인, 세상, 영혼)은 웰빙에 중요하다. 우리에게는 자양분을 얻는 느낌을 가져다주는 연결 조합과 각각의 경로를 활용하는 개인적인 방법에 대한 욕구가 있다. 이것은 한 번 풀면 끝나는 방정식이 아니며 그 비율은 계속해서 변한다. 우리가 할 일은 오늘, 이번 주, 지금 이 순간에 무엇이 필요한지 귀 기울이고 아는 것이다. 뇌와 주변 사람들이 우리에게 필요하다고 말하는 이야기에 귀 기울이기보다 신경계의 요구에 귀 기울일 필요가 있다. 배 쪽 미주신경의 안전과 조절에 닻을 내리면 우리를 양육하고 지탱하는 연결의 조합에 호기심을 불러일으킬 수 있다.

실습: 네 가지 연결

● 자기와의 연결

내면과 연결하면 무슨 일이 일어날까? 시인 루미는 〈여인숙〉이라는 시에서 "인간 존재는 여인숙"이라고 썼으며, 월트 휘트먼은 〈나 자신의 노래, 51〉이라는 시에서 "나는 커다랗고 다양성을 담고 있다"라고 썼다. 리처드 슈워츠가 개발한 내면가족체계(Internal Family Systems, IFS) 모델은 모든 사람이 정상적인 다중성을 지니고 있음을 상기시킨다. 우리는 통합된 체계이며 하나이자 다수이다. 우리는 모두 부분들(Parts)을 가지고 있다.

실제로 일상 대화에서 부분에 관해 이야기하는 것은 흔한 일이다. "밖에 나가서 친구를 만나고 싶어 하는 나의 부분과 집에 있는 게 행복한 나의 부분이 있다." "이 책을 쓰는 것을 걱정하는 부분과 다미주신경 이론에 대한 열정을 공유하는 일에 흥분하는 나의 부분이 있다." 우리가 배 쪽 미주신경계의 조절 에너지에 닻을 내리고 있을 때 다음 문장이 내적 연결감을 느끼도록 도와줄 수 있다. 문장을 완성하고 당신이 발견한 내적 연결을 확인해 보라. "~하려는 나의 부분이 있고 ~하려는 나의 부분도 있다."

성찰 연습은 자기와의 연결을 강화한다. 이 책에서 자율신경 경험의 다양한 측면과 함께 당신을 내면으로 안내하는 실습들은 연결의 한 방식이다. 의도적인 연습을 지속하는 것 외에도, 하루 중 잠시 멈춰서 자기 자신과 함께하는 시간을 가지면서 내면을 향해 귀 기울이는 것만으로도 연결의 경로를 만들 수 있다.

● 다른 사람과의 연결

당신의 사회적 참여 체계가 밝아지는 것을 느껴 보라. 원한다면 얼굴과 심장의 연결 경로를 찾기 위해 한 손은 심장에, 다른 한 손은 얼굴 옆에 놓아 볼 수 있다. 세상으로 주의를 향하고 다른 사람들과 연결되는 방식을 느껴 보라. 당신이 연결되는 방식을 깊이 생각해 보라. 문자, 이메일, 전화, 화상 회의를 통해 원격으로 연결할 수 있다. 정기적으로 정해진 활동 또는 즉흥적인 초대를 통해 대면으로 연결할 수도 있다. 직장에서, 여가시간에, 집에서, 가족들이나 친구들과 연결되는 방식을 살펴보라.

연결 방식을 깊이 생각할 때 무엇이 작동하고 있는지 먼저 생각해 보라. 당신의 삶에서 연결감을 느끼는 사람은 누구인가? 그런 관계를 발전시키기 위해 함께하는 일은 무엇인가? 그런 다음 시도하고 싶은 것을 탐색해 보라. 누구를 연결에 초대하고 싶은가? 새로운 관계를 만들기 위해 무엇을 하고 싶은가?

● **세상과의 연결**

우리는 자신의 공간에 거주하고 편안하게 느낌으로써 세상과 연결된다. 편안하지 않은 느낌이 무엇인지 알 때도 우리는 편안하다는 사실을 안다. 우리는 신경계를 통해 편안함과 편안하지 않음에 대한 체화된 경험을 갖는다. 양쪽 모두를 경험할 때 비로소 우리가 어디에 있는지 비교하고 대조하고 인식할 수 있다.

신경계에 귀 기울이면 세 가지 이야기를 들을 수 있다. 배 쪽 미주신경의 안전과 연결 안에 있는 편안한 존재의 이야기와 편안함과 거리가 먼 다른 두 존재의 이야기이다. 편안하지 않은 한 가지 이야기는 등 쪽 미주신경 상태의 붕괴에서 비롯되며,

낯선 곳에서 영원히 길을 잃어 의지할 곳이 없는 것 같은 느낌을 준다. 편안함과 거리가 먼 또 다른 이야기는 교감신경이 강도 높게 자원을 동원함으로써 생겨나고, 편안함으로 되돌아가는 길을 찾기 위한 필사적인 노력을 활성화한다. 편안한 존재의 이야기는 조절된 신경계의 흐름에 의해 유도되는 안전과 연결에 관한 것이다. 이 이야기는 소속감에 관한 것이다. 친한 친구 게리 화이티드의 시 〈여기에 대한 욕망〉은 나에게 편안한 존재의 이야기이다.

난로 옆에 잠든 강아지,
단풍나무 뒤뜰에는 새가 지저귀고,
맨발로 걷는 나무 마루의 촉감,
홍차의 맛…
오 욕망은 점점 더 깊어지고,
여기에 머물 수 있게 도와주소서.

시간을 갖고 내면으로 주의를 돌려서 자신의 세 가지 이야기를 들어 보라. 당신의 신경계는 길을 잃은 느낌과 편안함으로 되돌아가는 길을 찾을 수 없다는 메시지를 어떻게 보내는가? 당신이 편안함으로 되돌아가는 길을 정신없이 찾고 있을 때 무슨 일이 일어나는가? 그리고 편안함으로 되돌아가는 것에 대한 체화된 경험은 무엇인가? 편안함과 편안함이 아닌 경험의 양면성을 알아가는 데 잠시 시간을 할애하라. 몸 안에서의 느낌, 그 느낌에 따라오는 단어, 그리고 각각의 경험이 끌어내는 행동을 탐색해 보라.

세상 어디에 있든 우리와 함께하는 편안한 존재의 느낌을 가질 수 있다. 내가 편안함에 관한 이야기에 머물러 있다고 느끼는 방법 중 하나는 친구와 문자 메시지로 아침 대화를 나누면서 커피를 마시는 반복되는 단순한 아침 일상이다. 나와 친구가 같은 나라의 다른 지역에 살고 있거나 시차가 있는 지역을 여행하더라도 상관없다. 내가 모닝커피를 마시면서 친구의 문자 메시지를 읽듯이 친구도 모닝커피를 마시면서 내 문자 메시지를 읽을 것임을 알기 때문이다. 이 단순하고 반복되는 아침의 일상을 통해 시간과 공간을 초월한 상호조절의 가능성을 느끼고, 그것이 편안함에 대한 체화된 감각을 불러일으킨다. 당신이 편안함을 경험할 수 있는 단순한 방법은 무엇인가? 익숙한 일상을 살펴볼 때 편안함에 관한 이야기를 담고 있는 것이 있는가?

나는 우리가 편안함에 관한 일상적인 이야기에서 한 걸음 더 나아가 편안한 영혼의 느낌에 대한 경험으로 이야기를 확장할 수 있다고 생각한다. 나는 물에서 너무 오래 떨어져 있으면 깊고 지속되는 자율신경 통증이 생겨나서 바다로 가는 길을 찾아야 한다는 것을 안다. 다른 사람들은 그들의 영혼이 숲에서, 산에서, 사막에서 또는 대초원에서 편안함을 발견한다. 우리가 편안하게 느끼는 모든 종류의 환경이 그러하다. 당신의 영혼이 편안하게 느끼기 위해 필요한 환경은 무엇인가? 고향으로 돌아가는 것과 같은 경험을 어떻게 느끼는가?

● **영적인 연결**

나는 자신과 다른 사람들 그리고 세상과의 연결은 꽤 안정적이지만, 영적인 연결은 계속해서 펼쳐지고 있음을 알게 되었다. 몇 년 전에 나는 절망의 순간을 경험했다. 선택의 여지가 없었고 도움이 필요했으며, 그 순간 온 우주에게 도움을 청했다. 나는 종교적인 사람이 아니었기에 나에게 그런 일이 일어났다는 사실이 놀라웠다. 오른쪽 어깨 뒤에서 성모 마리아가 나타난 것이다. 나는 성모 마리아를 볼 수 있었고, 그 존재를 느낄 수 있었고, 경외감으로 충만했다. 그녀의 실제적인 존재감은 밀물과 썰물처럼 짙어졌다 옅어지기를 반복하지만, 그 에너지는 내 곁에 머물며 내가 혼자가 아님을 알도록 체화된 경험을 가져다준다. 당신에게 영적인 연결은 어떤 느낌인가? 우리는 영적인 존재, 영적인 동물, 커다란 에너지를 가진 존재, 선조들과 다양한 방식으로 연결된다. 지금 이 순간 어떤 형태로든 당신에게 다가오는 영적인 것들과 연결되어 보라.

우리가 탐색한 네 가지 경로를 통한 연결은 신경계에 자양분을 공급하는 하나의 방식이다. 이를 자율신경의 연료탱크를 채우는 일이라고 생각할 수 있다. 이 과정을 시작하기 위해 우리는 연료탱크가 얼마만큼 채워져 있는지 알 필요가 있고, 연료탱크의 게이지 이미지를 생각해 볼 수 있다. 게이지를 그려서 눈금을 '가득', '3/4', '절반', '1/4', '비어 있음'으로 표시한 다음 각 측정값에 자신의 경험에 알맞은 이름을 붙여 보라. 나는 자동차 연료 게이지의 이미지를 사용해 '가득함', '충분함', '부족함', '바닥남'이라고 이름을 붙인다.

실습: 자율신경의 연료탱크 채우기

이제 이미지와 단어를 가지고 게이지를 이용해 자율신경의 연료탱크가 얼마나 찼는지 살펴보자. 자기, 타인, 세상, 영혼의 네 가지 경로를 바라볼 때 어디에서 풍요로움을 느끼고 어디에서 갈망을 느끼는가? 먼저 각자의 연결 방법을 생각해 보고 각 게이지의 위치를 확인한다. 어떤 경로가 가득 차거나 충분한가? 어떤 경로가 비어 가고 있는가? 이제 자율신경의 연료탱크를 채우기 위해 자기, 타인, 세상, 영혼과의 연결이 어떻게 함께 작동하고 있는지 생각해 보라. 경로가 하나로 합쳐질 때 게이지는 어디에 있는가? 작동하고 있는 조합은 무엇이고, 신경계가 지금 이 순간 원하는 연결은 무엇인가? 시간을 갖고 당신이 알고 기억해야 할 중요한 것들을 기록하라.

사회적 연결의 필요성

—

파블로 네루다는 〈시와 성장〉에서 "분리된 도시들 사이의 밤 하나하나는 우리를 하나로 결속시키는 밤으로 이어진다"라고 썼다. 오늘날 세계에서 우리는 개별성에 더 집중하고 연결보다 분리에 더 많은 중요성을 부여하는 것처럼 보인다. 그러나 스스로 번영할 수 있는 역량은 먼저 안전하게 연결되는 기반 위에 세워진다는 점을 기억할 필요가 있다. 그리고 우리가 상호조절에서 자기조절로 옮겨 갈 때조차 다른 사람들과 안전하게 연결될 필요성은 결코 없어지지 않는다. 살아 있는 한 상호조절과 자기조절은 웰빙을 위해 필수적이다.

우리는 생존을 위해 상호조절이 필요한 세상에 들어가고, 상호조절에서 안전함을 충분히 경험함으로써 자기조절을 배운다. 안전하게 상호조절하는 초기 경험이 없으면 자기조절하는 전략이 생존 반응으로 만들어진다. 겉으로 보기에는 잘하고 있는 것처럼 보일 수 있지만, 내적 경험은 교감신경이 유도하는 공포 중 하나일 수 있다. 생존 상태에서 행동 패턴을 만들어 갈 때 우리는 신체적·심리적으로 모두 고통받는다. 세상에서는 성공적일지 모르지만 경험에서 만족을 느끼거나 기쁨을 찾지 못한다.

자기조절과 상호조절을 사용하는 법을 생각해 보자. 만약 생애 초기에 예측 가능하고 현존하고 안전한 상호조절 경험을 제공하는 사람들이 있었다면, 당신의 자기조절 능력은 상호조절의 기반에서 비롯되었을 가능성이 높다. 이런 상황에서 세상을 살아갈 때는 당신이 안전하고 세상도 안전한 곳임을 상기시켜 줄 사람들, 당신이 의지하고 당신을 보살펴 줄 사람들, 당신과 함께 연결되어 줄 사람들이 있다. 만약 생애 초기에 안전하고 예측 가능한 상호조절을 경험하지 못하고 아직까지 그런 경험을 충분히 갖지 못했다면, 당신은 자율신경의 생존 상태에서 자기조절을 하고 있을 가능성이 높다. 이런 상황에서 세상을 살아갈 때는 혼자이고, 다른 사람들에게 의지할 수 없고, 모든 일을 스스로 해야 한다고 생각하게 된다.

스티븐 포지스는 트라우마를 연결이 만성적으로 단절된 상태로 설명한다. 연구에 따르면 연결의 경험과 외로움의 경험이 건강, 질병, 사망률을 예측하는 것으로 나타났다. 연구 결과들은 우리가 얼마나 연결되어 있다고 느끼는지 또는 얼마나 외롭다고 느끼는지 여부가 몸이 바이러스에 대응하는 방식, 심장 건강, 인지 능력, 수명에까지 영향을 미친다는 사실을 보여 준다.[9] 외로움에 관한 연구의 선구자인 존 카시오포는 인간이 사회적 존재이며, 인간의 본성은 타인을 인식하고 상호작용하며 관계를 형성하는 것임을 상기시킨다.[10] 다른 사람들과의 연결은 소속감을 느끼고 공유된 안전감을 만드는 일이다. 소속감은 단순한 심리적 상태가 아니라 생물학적 욕구이다. 사회적 연결은 행복한 삶을 위한 필수적인 요소이다.

자신의 연결 경험을 살펴보는 한 가지 방법으로 짧은 버전의 UCLA 외로움 척도 검사(UCLA Loneliness Scale)를 활용할 수 있다.[11] '거의 없다', '가끔', '자주'로 평가하며 다음 세 가지 질문에 응답하면 된다.

1 얼마나 자주 사람들과 교제가 부족하다고 느끼는가?

2 얼마나 자주 혼자 남겨진 느낌이 드는가?

3 얼마나 자주 다른 사람들로부터 소외감을 느끼는가?

이제 자신의 응답을 채점해 보라. '거의 없다'는 1점, '가끔'은 2점, '자주'는 3점을 매긴다. 총 점수는 전혀 외롭지 않음을 나타내는 3점에서 매우 외로움을 나타내는 9점까지 채점된다. 자신의 신경계가 무엇을 알고 있는지 알기 위해 반드시 이런 척도가 필요한 건 아니지만, 수치는 외적 타당도를 제공하며 때로는 자신의 경험을 인정하게끔 해 준다.

사회적 지지와 사회적 연결은 일상의 요구를 충족하는 데 도움이 된다. 사회적 지지는 의지할 수 있는 사람들이 나타나 구체적인 방법으로 우리를 도와줄 때, 그리고 우리가 일상의 삶을 잘 관리할 수 있게 해 주는 사람들로부터 생겨난다. 이런 필수적인 연결은 서비스 교환의 형태를 띤다. 몇 년 전 남편이 뇌졸중으로 쓰러졌을 때, 남편과 나는 우리 일상생활에 편의를 제공해 준 사회적 지지에 고마움을 느꼈다. 일상을 되돌아볼 때 당신에게 사회적 지지를 제공하는 사람은 누구인가?

반면에 사회적 연결은 우리가 삶 속에서 알고 있는 사람들, 그리고 우리를 알고 있는 사람들로부터 깊이 있는 방식으로 다가온다. 이들은 우리가 고통스러울 때, 충고하지 않으면서 단지 조용히 함께 앉아 있어 줄 누군가가 필요할 때, 우리가 도움을 요청할 수 있는 사람들이다. 때로는 큰 소리로 불평하고 싶은 욕구를 이해해 주고, 좋은 일이 있을 때 함께 기뻐해 줄 수 있는 그런 사람들이다. 사회적으로 연결된 관계는 상호성으로 충만해진다. 사회적 연결을 통해 우리는 서로 주고받는다. 그 관계에는 리듬이 있다. 관계를 되돌아볼 때 당신에게 사회적 연결의 범주에 드는 사람은 누구인가? 누구와 상호조절하고 누구와 있을 때 안전감과 예측 가능한 연결감을 느끼는가?

지속적이고 예측 가능한 상호성 및 상호조절의 경험은 우리가 상호조절을 할 수 없는 순간에 스스로를 지탱할 수 있는 자기조절의 기반을 만들어 준다.

고독할 수 있는 힘

—

고독은 외로움과 달리 혼자 있음을 선택하고 외로움 속에서 평화로움을 느끼는 조절적이고 자양분을 주는 경험이다. 베네딕도회 수도사이자 감사하며 사는 삶에 대한 가르침으로 사랑받은 스승 데이비드 슈타인들-라스트는 저서 《침묵의 길》에서 혼자여도 외롭지 않고 고독할 수 있음을 일깨워 준다.

> 가끔 우리가 혼자일 때 — 혼자임에도 불구하고가 아니라 그 순간 진정으로 혼자였기 때문에 — 우리는 모든 것과 모든 이들과 결속되어 있음을 발견한다. (방에) 홀로 있든지, 나무·바위·구름·물·별·바람 또는 그 무엇과 함께 있든지 간에 우리는 마음이 확장되는 것처럼 느낀다. 모든

것을 포용하기 위해 우리 존재가 확장되고, 모든 장벽이 어떤 식으로든 무너지거나 사라지는 것처럼 느끼며, 모든 것과 함께 우리는 하나라고 느낀다. 내가 진정으로 혼자일 때 나는 모든 것과 하나가 된다.[12]

충분한 상호조절의 경험이 없으면 우리는 고독 속에서 자양분을 찾을 수 없다. 연결에 대한 채워지지 않은 갈망은 연결을 향한 필사적인 탐색을 활성화하거나 절망과 단절로의 붕괴를 촉발한다. 당신은 고독의 달콤함도 경험할 수 있을 만큼 일상에서 상호조절의 경험을 충분히 가지고 있는가?

실습: 고독과 외로움 구별하기

고독을 음미하고 있을 때와 외로움으로 옮겨 가고 있을 때를 아는 것이 중요하다. 고독의 평화를 느끼는 것에서 외로움과 쓸쓸함을 느끼기 시작하는 쪽으로 변화하고 있다는 징후는 무엇인가? 나는 약간의 흐릿함을 느끼기 시작하고, 주변과의 접촉을 잃기 시작하고, 평화로운 생각에서 걱정으로 바뀌기 시작할 때 고독에서 외로움으로 옮겨 가고 있음을 안다. 고독의 안전감을 떠나기 시작하면 당신에게 무슨 일이 일어나는지 잠시 살펴보라. 신체 감각이 변화의 시작을 알려 주는 방식을 느껴 보라. 생각에 귀 기울이고, 편안함을 버리고 외로움으로 나아감을 가리키는 것들을 확인해 보라. 자신의 느낌으로 주의를 돌려 그것

이 안전과 연결의 배 쪽 미주신경 상태로부터 교감신경의 공포
나 등 쪽 미주신경의 절망에서 나오는 느낌으로 변하기 시작하
는 때를 알아차려 보라. 고독과 외로움 사이에서 자신의 경로를
알아보라. 다른 사람들과 함께 있고 싶은 욕구와 고독의 순간을
즐기도록 지원하는 경험 사이에 균형을 만들어 보라.

첫 호흡부터 마지막 숨결까지 우리는 평생 연결을 추구한다. 우리는
다른 사람들과 연결되고 상호조절하려는 생물학적 욕구를 가진 사회
적 존재이다. 이 욕구와 만날 때 우리는 내면에 도달할 수 있고, 자신
의 경험과 연결될 수 있으며, 자기조절을 할 수 있다. 그리고 자기조절
과 상호조절의 안전함 토대 위에서 우리를 인도하는 영혼과 주변의
세상과 연결될 수 있다.

"우리 신경계는
연결을 찾고 기다리고 갈망하는 일을 절대 멈추지 않는다.
죽을 때까지 연결을 갈망한다."

5장

신경지
알아차리기

만약 우리가 그것에 주의를 기울인다면,
다른 어떤 사람보다 더 나은 안내자를 우리 안에 가진 셈이다.

-

제인 오스틴,
《맨스필드 공원》

앞서 1장에서 다미주신경 이론의 조직 원리 중 하나인 '신경지'에 대해 다루었다. 그 간략한 소개를 바탕으로 이제 신경지가 무엇이고 어떻게 작동하는지 더 자세히 알아보자.

직관은 어떤 것에 대해 생각하거나 이해하기 위해 사실에 근거하지 않고도 그것을 아는 능력이다. 우리는 신경지를 자율신경의 직관이라고 생각할 수 있다. 자율신경계는 대부분 자각 밖에서 작동하고 생각하는 뇌의 수준 아래에서 작동하는 시스템이기 때문에 신경지는 인지적 이해와는 매우 다른 앎의 방식이다. 신경계는 신경지의 과정을 통해 우리의 체화되고, 환경적이고, 관계적인 경험에서 일어나는 일에 귀 기울인다. 또한 안전과 위험의 신호를 찾아서 작동을 중지하거나, 행동을 위해 자원을 동원하거나, 조절에 닻을 내리는 식으로 반응한다. 우리는 지혜롭고 훌륭한 두뇌를 사용해 결정을 내린다고 생각하지만 실은 정보가 뇌에 도달하기 훨씬 전에 자율신경계가 행동을 취한다.

신경지는 자각 없이도 우리가 생존하고 일상을 만들어 갈 수 있도록 배경에서 작동한다. 이런 신경지에 지각을 가져오면 관점에 접근할 수 있다. 신경지의 자율신경 과정에 지각을 더함으로써 더 이상 단순히 그 상태에 머무는 것이 아니라 상태와 함께하며 경험을 관찰하고 성찰할 수 있게 된다. 배 쪽 미주신경 경로에서 오는 정보의 80%는 구심성(求心性) 경로를 통해 신체에서 뇌 방향으로 흘러가고, 20%는 원심성(遠心性) 경로를 통해 뇌에서 신체 방향으로 이동한다[두 용어를 혼동하지 않는 쉬운 방법은 구심성(Afferent)은 도착(Arrive)하고 원심성(Efferent)

은 떠나간다(Exit)로 기억하는 것이다]. 뇌는 몸으로부터 정보를 받아 몸에서 무슨 일이 일어나고 있는지 이해하기 위해 정보를 이야기로 바꾼다. 신경지에 지각을 가져오고 자율신경 정보의 세 가지 흐름(체화되고, 환경적이고, 관계적인)에 자각을 가져올 때, 우리는 몸과 뇌가 함께 작동하도록 요청하는 것이다. 그러면 단순히 이야기를 듣는 사람 이상이 된다. 우리는 이야기의 편집자이자 작가가 된다.

신경계는 신경지를 통해 일상에서 지속적으로 위험을 평가하고 생존을 위해 반응하면서 내면의 소리에 귀 기울인다. 우리는 먼저 신체적인 수준에서 반응을 알아차리고, 그다음에 나타나는 이야기와의 연결을 통해 반응을 알아차린다. 때때로 그 영향은 숨겨져 있고, 내부에서 경험되며, 자신만이 알 수 있다. 우리는 호흡과 심장박동의 변화, 소화작용의 변화, 목구멍의 다양한 감각을 느낀다. 그리고 생각이 이야기를 만들기 시작한다. 이런 내적 경험은 종종 행동으로 옮기려는 충동과 함께 일어난다. 어떤 경우에는 반응이 완전히 드러나 보일 때도 있다. 표정, 목소리 톤, 몸짓과 자세는 다른 사람에게 우리가 무엇을 느끼고 있는지를 보여 준다. 우리가 생각하고 있는 것을 말하면 내면에 숨겨져 있던 행동하려는 충동이 살아나 행동으로 나타난다.

자율신경계는 우리가 경험을 성공적으로 다룰 수 있도록 작동한다. 예를 들어 숲속을 산책할 때는 조절에 닻을 내리고 있다가 길에서 뱀을 보면 싸울 준비가 된다. '나는 안전한가?'라는 질문에 정확히 대답하면서 신경지는 지금 이 순간 일어나고 있는 일에 대응한다. 우리는 실제 위험이 없을 때도 두려움과 과도한 경계심을 느낄 수 있다. 전화를 받을 때마다 매우 불안해하거나, 모든 소리에 너무 민감해서 어디에서 소리가 들려오는지 알려고 들 수 있다. 아니면 둔감하고 자각이 없는 상태에서 세상을 살아갈 수도 있다. 걷고 있는 곳에 주의를 기울이지 않아서 항상 무엇인가에 부딪히거나, 또는 누군가가 친해지려고 다가올 때 알아차리지 못할 수 있다. 이런 종류의 두려운 경험이나 자각 없는 경험이 일어날 때는 신경계가 안전에 대한 질문을 정확하게 처리하지 못한 탓에 조화롭지 못한 방식으로 살아간다고 말할 수 있다.

우리는 때로 신경지를 무시하거나 차단한다. 신경지가 메시지를 보냈지만 듣지 않았던 때(초대에 응하기 싫었지만 마지못해 응했을 때) 또는 메시지를 들었지만 그 안내에 따르지 않았던 때를 떠올려 보라. 어쩌면 당신은 마음속으로 프로젝트에 참여하지 않아야겠다고 느꼈지만, 그것은 어리석은 감정이라고 치부하면서 동의했을 수도 있다. 귀 기울이지 않거나 정보를 듣고도 무시하면 나중에 후회하는 일이 자주 일어난다. 과거를 되돌아보면 자율신경계가 중요한 메시지를 보내고 있었음을, 그리고 당시에는 그 정보를 받아들일 수 없거나 그럴 준비가 되어 있지 않아서 자신의 웰빙을 위해 그것을 사용할 수 없었음을 깨닫게 된다.

우리는 아동기에 귀 기울이거나 귀 기울이지 않는 법을 배우기 시작한다. 자신이 들은 것에 주의를 기울이고 그것에 따르거나, 신경지가 보내는 메시지를 무시하고 차단하는 법을 배운다. 어쩌면 스스로 괜찮지 않다고 느끼는 것은 옳은 방식이 아니라고, 신경지의 말을 무시하게 만드는 가정환경에서 자랐을 수 있다. 이런 환경에서는 귀 기울이지 않고 주의를 기울이지 않도록 훈련받는다. 혹은 반대로 생애 초기에 자신의 느낌에 귀 기울이고 무언가 결정을 내릴 때 그것을 고려하라고 배웠을 수 있다. 주변 사람들이 우리가 세상을 바라보고 본 것을 이야기해도 괜찮다고 말해줬을지도 모른다. 이런 환경에서는 자신의 내적 경험이 중요한 정보를 가지고 있음을 배우게 된다.

실습: 신경지 문장 쓰기

잠시 시간을 내어 자신의 경험을 되돌아보라. 당신은 신경지를 존중하거나 무시하도록 배웠는가? '우리 집에서는~'으로 시작하는 문장을 적어 보라. 당신이 자라면서 가정에서 배운 것을 생각해 보고 나머지 문장을 채워 보라. 만약 신경지에 귀 기울이도록 배웠다면 이렇게 말할 수 있다. "우리 집에서는 내가 느끼는 것을 말해도 안전했다." 만약 신경지를 무시하도록 배웠다면 당신의 문장은 이럴 수 있다. "우리 집에서는 아무 일도 일어나지 않는 척해야 했고 느낌을 갖지 않는 것이 더 안전했다." 생활을 지도하려는 목적으로 가족이 신경지 정보를 사용하는 당신의 능력을 어떻게 형성시켜 왔는지 알아보기 위해 몇 개의 문장을 써 보자.

들는 힘을 되찾고 신경계의 지혜에 귀 기울이는 법을 배우는 일은 행복한 삶을 살아가기 위한 조건 중 하나이다. 이를 위해 우리는 과거에서 현재로 나아간다. 동일한 문장을 사용하되 자라면서 배운 것을 나타내는 '우리 (집)'라는 단어를 지금 살아 가는 방식을 나타내는 '이(곳)'로 바꾸어 보자. 이 새로운 문장은 내면의 지혜와 연결되는 방식이 현재 자기 삶에 존재하는 사람 들에게 지지받는지 혹은 그렇지 않은지 살펴볼 수 있는 기회를 제공한다.

만약 당신이 가족으로 여기는 사람들이 신경지와 그것이 보 내는 체화되고, 환경적이고, 관계적인 정보와의 연결을 중요시 한다면 그것이 실천되는 방식을 명확히 설명하기 위해 '이 집 에서는~'이라고 써 보자. 이 문장은 내면의 소리에 귀 기울이는 당신이 지지받고 있음을 알아차리게 해 주고 계속해서 귀 기울 일 수 있도록 상기시켜 줄 것이다. 만약 당신이 신경지에 귀 기 울이는 것을 주변 사람들이 격려하지 않는다면, 당신이 만들고 자 하는 가치를 설명하는 문장을 써 보라. 이 문장은 신경계의 지혜를 따르는 일이 가능한 삶을 만들어 나가리란 다짐을 되새 기는 데 도움이 될 것이다.

신경계가 안내하는 방식을 자각하지 못하는 것과 신경계가 지시하는 방향을 무시하는 결정 사이에는 차이점이 있다. 우리는 때로 신경지 가 위험 신호를 보낼 때도 경험에 접근해야 한다. 우리는 사후 관리가 필요한 의학적 문제를 가지고 있을 수 있고, 업무 문제로 인해 동료와

맞서야 할 때도 있으며, 친구와의 관계에 선을 그어야 할 때도 있다. 이를 외면하는 대신 조율하려고 할 때 우리는 위험 신호를 인식하고, 그것들을 줄이는 방법을 찾고, 여전히 두렵겠지만 필요한 방향으로 나아가기 위한 의도적인 선택을 할 수 있다.

최근에 내가 하는 배 쪽 미주신경에 닻을 내리는 연습 중 하나가 신경지의 변화에 영향을 받았다. 나는 심장과 관련된 의학적 문제를 가지고 있어서 항상 이를 주의 깊게 살피는데, 보통 사람들과 마찬가지로 건강 문제에 직면할 때면 나의 신경지는 안전하지 않다. 내가 조절에 닻을 내릴 수 있게 도와주는 연습 가운데 상당수가 심장에 손을 얹는 동작을 포함하고 있기에 종종 나는 의학적 상태에 대한 알아차림에 직면한다. 이때 내 신경지는 안심할 수 있는 안전 신호가 아닌 위험 신호를 활성화하고 나는 불안에 휩싸인다. 마음을 진정시키는 연습이 오히려 더 복잡한 경험이 되고 마는 것이다. 심장 부위에 손을 댈 때면 심장박동이 걱정되기 시작한다. 그럴 때는 심장박동을 느끼면서 심장 판막이 작동하는 모습을 상상함으로써 위험에 대한 신경지를 감소시킨다. 그러면 심장에 손을 얹는 익숙한 연습이 다시 한번 내가 배 쪽 미주신경의 안전에 닻을 내리도록 도와준다.

건강을 둘러싼 위험에 대한 신경지는 검사와 치료를 진행하는 데도 어려움을 더한다. 진료 예약을 생각하면 위험 신호가 나타난다. 나는 교감신경의 도피 반응으로 빠르게 끌려들어 가고 생존 반응의 강도가 높아져서 행동을 취하기 어려워진다. 이럴 때면 의학적 문제가 엄연한 현실이고 치료에는 위험이 따른다는 사실을 인정함으로써 위험 신호에 귀 기울이고 이를 명확히 파악할 수 있다. 따라야 할 단계의 목록을 만들어서 한 번에 한 단계씩 나아갈 수 있는 권한을 부여하는 것도 도움이 된다. 또 같은 검사와 치료를 받아 본 사람들과 대화를 나누다 보면, 비록 두려운 과정에 있지만 혼자가 아니라는 느낌을 받게 된다. 위험에 대한 신경지를 완전히 해결할 순 없을지라도 나는 신경계와 함께 일하는 법을 찾고 있다.

실습: 정보 수집하기

다소 두렵게 느껴지더라도, 삶에서 여전히 원하고 필요로 하고 관여하고 싶은 일이 생기는 것은 자연스러운 현상이다. 이는 이전에 사용하던 자원이 복잡해졌거나 해결해야 할 어려운 상황일 수 있다. 먼저 탐색하고 싶은 경험을 확인하는 일부터 시작하자. 그런 다음 앞으로 나아가는 데 필요한 정보를 수집하라. 경험으로 향하고 위험 신호에 귀 기울여 보라. 잠시 시간을 내어 신경계가 알려 주는 것을 제대로 들어 보라. 귀 기울여 들은 후에 당신이 배운 것과 안전을 위해 필요한 행동을 어떻게 연결할 수 있을까? 만약 자원으로 작업하고 있다면 위험 신호를 줄이기 위해 취할 수 있는 조치를 실험해 보고 연습의 조절된 결과와 다시 연결해 보라. 만약 어려운 상황을 탐색하고 있다면 위험 신호를 알아차리고 이름을 붙임으로써 그것을 조금 누그러뜨리고 대처를 위한 계획을 세울 수 있다. 이미 존재하거나 당신이 가져올 수 있는 안전 신호를 찾아보라. 생존 반응을 존중하고 다음 단계로 나아가기 위해 자신의 신경계와 함께 작업하려면 무엇이 필요한지 알아보라.

신경지 조율하기

—

우리는 신경지를 자각 바로 아래에서 중요한 정보를 전달하는 체화된 감시 체계로 생각할 수 있다. 이 정보 체계와 연결되면 자신의 결정을 알리기 위해 메시지를 사용할 수 있다. 내면의 소리에 귀 기울일 때 당신의 감시 체계를 몸 안 어디에서 찾을 수 있는가? 많은 사람이 직감이란 말을 떠올리고 장(臟)에서 그러한 직감 또는 자율신경의 직관이라 여기는 것을 느끼지만 다른 곳에서도 얼마든지 찾을 수 있다. 그곳에 손을 올려두거나 주의를 집중해 보라. 무의식적 경험에 주의를 기울일 때 어떤 변화가 일어나는지 느껴 보라.

이제 체화된 감시 체계와 연결되었다면 그것을 나타낼 이미지가 있는지 알아보자. 사람들이 사용하는 이미지로는 회전하는 등대, 감시탑에 서 있는 경비원, 언제나 응답할 준비가 되어 있는 친절한 감시인, 색깔이 변하는 빛으로 된 공 등이 있다. 당신의 내적 감시 체계가 어떤 모습인지 알아보려면 그것을 찾은 신체 부위에 초점을 맞추고 이미지를 불러온 다음 무엇이 나타나는지 기다려 보라. 무슨 일이 일어나는지 마음을 열고 기다려 보라. 자율신경 경험에 생기를 불어넣는 내적 세계의 창의성에 놀랄 수도 있다. 이미지가 생겼다면 그것이 어떻게 작동하는지 알아보라. 그것은 순간순간 안전과 위험의 신호를 어떻게 추적하는가?

신경지가 작동하는 방식을 알게 되면 의식적인 자각 아래에서 항상 흐르고 있는 정보의 흐름에 귀 기울이는 일이 흥미롭고 심지어 약간 놀랍게 느껴질 수 있다. 우리는 생각·느낌·행동에 주의를 기울이는 데는 익숙하지만, 그 이면에 무엇이 있는지 호기심을 가지거나 자율신경계가 무엇을 듣고 있는지 알아차리는 데는 익숙하지 않다. 이 새로운 귀 기울이기 방식을 지원하려면 먼저 여행하기 쉽고, 경험을 촉발한 원래의 신호와 쉽게 연결될 수 있는 길을 만들어야 한다.

실습: 정보의 경로 만들기

신경지는 우리의 행동, 느낌, 이야기를 창조한다. 의도적으로 그 출발점으로 가는 길을 발견할 때, 그러지 않았다면 숨겨져 있었을 것들이 자각의 영역으로 드러난다. 신경지와 지각을 통합시키는 경로를 만들기 위한 첫 번째 단계는 외부를 향한 알아차림에서 내면의 연결로 이동하는 것이다. 내면의 세계로 눈을 돌려 신경지가 당신의 주의를 끌기 위해 향하는 곳을 찾아보라. 이제 지각을 느낄 수 있는 곳을 찾아서 이동해 보라. 이것은 뇌의 피질 및 사고 영역과 관련이 있기에 많은 사람이 머리 안 어딘가에서 지각의 공간을 찾는다. 다시 한번 자신의 지각 공간을 찾기 위해 시간을 가져 보라.

신경지와 지각의 두 공간을 확인한 후 다음 단계는 그것들을 연결하는 것이다. 신경지와 지각 사이의 경로를 통해 안전과 위험의 신호가 자각 안으로 쉽게 이동할 수 있고, 당신은 자신의 행동·느낌·이야기를 따라가 그것들을 자율신경 근원의 자리로 되돌릴 수 있다. 신경지에서 자각으로 가는 경로를 상상하려면 두 곳에 손을 올려놓는 것이 도움이 될 수 있다. 당신이 상상하는 경로는 두 지점을 잇는 직선일 수도 있고 조금 돌아서 가는 경로일 수도 있다. 연결의 형태가 어떠하든 간에 중요한 것은 쉽고 확실하게 정보를 전달하도록 지원하는 것이다. 지각으로 가는 나의 신경지 경로는 가슴 중심부에서 이마로 이어지며 곡선과 고리 모양을 띠는 게 특징이다. 당신의 경로 형태가 명확해지도록 시간을 가져 보라.

연습을 위해 먼저 호기심 있는 어떤 행동을 생각하고, 그것을 실행하는 모습을 상상해 본다. 지각에서 행동의 기저에 있는 신경지로 이동한다. 당신이 찾은 두 개의 체화된 지점을 연결하는 경로를 따라가 보라. 나는 이마에서 가슴까지 이르는 경로를 따라갈 때 구불구불함을 느낀다. 신경지에 도달하면 안전과 위험의 신호를 감지하기 위해 잠시 시간을 가져 보라. 당신의 흥미를 끄는 느낌에 대해서도 똑같이 해 보라. 마지막으로 자신이나 세상에 대해 더 알고 싶은 이야기를 떠올리면서 지각 연결을 활성화한다. 그 이야기 이면에 무엇이 있는가? 이제 반대 방향의 경로를 따라가 보자. 안전과 위험의 감각을 불러일으키는 첫 번째 자극과 연결되어 그것이 당신을 어디로 데려가는지 살펴보라. 체화된 신호를 따라 느낌, 생각, 행동, 이야기로 들어가 보라.

정보 체계 사이를 이동하는 이 새로운 방식을 사용하면 경로가 더욱 강력해진다. 연결을 강화하기 위해 조율하고 의도적으로 관여하는 방식을 만들어 보라. 자신에게 맞는 방법을 찾기 위해 다양한 방식으로 실험해 보라. 두 가지 앎의 방식 사이를 이동하면서 손가락으로 경로를 그리고 추적해 보라. 이 내적 경로를 신체적으로 상기하기 위해 몸에 손을 얹어 보라. 하루를 보내면서 양방향으로 경로를 활성화하려는 의도를 가져 보라. 하루를 마무리하면서 성찰을 위한 계획을 세우고, 신경지가 어떻게 특정한 행동·느낌·이야기로 당신을 이끌었는지 살펴보라. 행동, 느낌, 이야기가 나타나는 순간을 알아차리면 잠시 멈추고 지각에서 신경지로 이어지는 경로를 따라가 보라. 당신은 이 새로운 경로에 어떤 방식으로 주의를 기울이고 싶은가?

나는 일부 반응을 설정값이라고 부른다. 사람은 일반적으로 특정 소리에 유사한 방식으로 반응한다. 높은 주파수를 가진 소리는 구조 요청의 신호로 감지되는 경향이 있다. 낮은 주파수는 포식자를 떠올리게 하고 도망치고 싶은 충동을 불러일으킨다. 그리고 사람의 목소리

범위에 있는 소리는 우리를 안전과 연결로 초대한다. 다른 신호들은 개인적인 경험에 의해 형성되며, 이는 주변 사람들과 유사할 수도 있고 매우 다를 수도 있다. 나는 큰 소리로 클래식 음악을 듣길 좋아하는 아버지 밑에서 자란 덕에 큰 소리의 음악에 둘러싸여 있는 느낌이 내게 조절과 연결을 느끼게 한다. 어떤 사람에게는 큰 음악 소리가 위험의 신경지를 활성화한다. 당신은 분명 자신과 친구들에게 매우 다른 반응을 유발하는 신호를 인지할 수 있을 것이다. 잠시 여유를 가지고 당신에게는 안전의 신경지를 불러오지만 주변 사람들에게는 그렇지 않은 신호를 확인해 보라. 반대로 당신에게는 위험의 신경지를 활성화하지만 주변 사람들에게는 안전의 신경지를 만들어 내는 신호도 찾아보라. 우리는 모두 안전과 위험 사이의 공통된 자율신경 경로를 공유하지만 각자 자신만의 반응 패턴을 가지고 있다.

실습: 신경지 자각하기

● 변화의 순간 찾기

신경지는 종종 우리 상태에 극적인 변화를 가져오고 우리는 몸과 이야기 모두에서 그 강렬함을 느낀다. 안전에서 위험으로 넘어가는 커다란 상태 변화를 느꼈던 때를 떠올려 보면 이를 이해할 수 있다. 어떤 소리에 깜짝 놀라서 몸이 두려움에 떨었거나 누군가가 떠나간 뒤에 무너져 내리는 듯한 기분을 느껴 봤을 것이다. 안전에서 위험으로 전환되는 순간을 되돌아보면서 몸의 변화를 느낀 순간과 그 이후에 이야기가 어떻게 바뀌었는지 살펴보라. 그런 다음 당신의 상태가 다른 방향, 즉 위험에서 안전으로 바뀐 순간을 찾아보라. 어쩌면 친근한 얼굴을 보았거나 친숙한 소리를 듣고서 마음이 편안해졌을 수 있다. 다시 한번 그런 일이 일어났던 순간을 찾아보고, 그것과 관련된 이야기가 어떻게 변화하기 시작했는지 살펴보라.

어떤 때는 더 미묘한 변화를 경험하기도 한다. 우리는 상태의 강도에 미묘한 변화를 느낀다. 걱정이 불안으로, 좌절이 분노로, 산만한 상태가 집중력 있는 상태로 이어지는 것을 느낄 수 있다. 이런 미세한 변화에 주의를 기울이면 상태 내에서 일어나는 미묘한 변화를 더욱 정교하게 추적할 수 있다. 이런 식의 주의 기울이기는 상태 내의 작은 변화가 어떻게 상태 간의 이동으로 이어지는를 이해하는 데 도움이 된다.

● 지금 이 순간의 신호 찾기

이런 자각을 시작으로 신경지에 지각을 가져오는 방법으로 더 깊이 들어가 보자. 잠시 멈추어 현재 순간에 작동하고 있는 세 가지 신경지의 흐름 ― 체화되고, 환경적이고, 관계적인 ― 에 주의를 기울여 보라. 다음 질문을 사용해 자신의 신경지가 받아들이고 있는 정보를 생각해 보라.

- 지금 이 순간 몸 안에서 느껴지는 위험 신호는 무엇인가? 간단한 바디 스캔(Body Scan)으로 시작하라. 통증, 긴장, 쓰라림, 저림이 있는가? 소화작용, 심박수, 호흡에 귀 기울여 보라. 자신의 몸이 위험 신호를 드러내도록 허용하라.

- 지금 이 순간 몸 안에서 느껴지는 안전 신호는 무엇인가? 몸이 하는 말을 잘 들어 보라. 편안함, 따뜻함, 유연함이 있는 곳을 찾아보라. 심장과 호흡의 리듬을 느껴 보라. 자신의 몸이 안전 신호를 드러내도록 허용하라.

- 지금 이 순간 주변의 가까운 환경에서 위험 신호는 무엇인가? 자신이 있는 공간을 알아차려 보라. 주변을 둘러보고 스트레스를 주는 것이 무엇인지 살펴보라.

- 알아차림을 더 큰 환경으로 확장해 보라. 주변 세계로 공간을 넓혀서 살펴볼 때 스트레스를 주는 것은 무엇인가?

- 지금 이 순간 주변의 가까운 환경에서 안전 신호는 무엇인가? 자신이 있는 공간으로 알아차림을 다시 좁혀 보라. 주변을 둘러보고 기쁨을 주는 것이 무엇인지 살펴보라. 조절에 닻을 내리는 데 도움이 되는 것을 찾아보라.

- 이제 알아차림을 더 큰 환경으로 확장해 보라. 주변 세계로 공간을 넓혀 살펴볼 때 자양분을 얻는다고 느끼게 하는 것은 무엇인가?

- 지금 이 순간 다른 사람들과의 관계에서 위험 신호는 무엇인가? 자신의 사회적 참여 체계가 다른 사람의 눈, 표정, 목소리 톤, 자세, 움직임과 주고받는 경고 신호를 찾아보라.

- 지금 이 순간 다른 사람들과의 관계에서 안전 신호는 무엇인가? 자신의 사회적 참여 체계가 다른 사람의 눈, 표정, 목소리 톤, 자세, 움직임과 주고받는 환영의 신호를 찾아보라.

신경지의 경험을 탐구할 때 우리는 발견한 것에 대해 호기심을 지속하길 원한다. 현재 상황에 비해 지나치게 느껴지는 반응, 너무 크거나 부자연스러운 반응은 종종 과거의 익숙한 신호가 현재에 영향을 미치고 있음을 나타낸다. 일하는 동안 받은 사소한 방해에 압도적인 분노를 느끼거나, 누군가가 당신에게 고마움을 표현할 때 무감각해지는 것은 과거의 경험이 현재에 생생하게 살아 있음을 가리키는 신호일 수 있다. 반면 어떤 반응은 현재에 기반을 둔 것처럼 느껴지고, 과거의 경험이 아니라 지금 이 순간 신경지에 대한 반응으로 우리를 사람·장소·사물로 향하거나 멀어지게 한다. 예를 들어 친구에게 이메일을 받고서 연결을 위한 초대를 느끼거나 큰 업무 프로젝트를 생각하면서 다소 불안함을 느낄 수 있다.

반응이 과거에서 온 것인지 아니면 현재에 기반한 것인지를 아는 것이 중요하다. 이를 위해 명확한 질문을 사용할 수 있다. 우선 현재의 순간으로 지각을 가져온다. 지금 무슨 신호를 받고 있는가? 당신의 신경지는 안전한가 위험한가? 이제 다음과 같은 질문을 해 보라. '지금 이 순간, 이곳에서, 이 사람 또는 사람들과 함께, 이런 반응(또는 이 정도 강도의 반응)이 필요한가?' 반응이 적절한지가 아니라 필요한지를 질문 한다는 점에 주목하라. 반응을 '적절하다', '적절하지 않다', '좋거나 나쁘다' 등으로 분류하지 말라. 자율신경계는 의미나 동기를 부여하지 않는다. 그것은 단지 신호를 포착하고 생존을 보장하는 데 필요하다고 여겨지는 반응을 실행할 뿐이다. 만약 이 명확한 질문에 대한 대답이 '예'라면, 당신은 현재의 순간에 기반을 두고 있을 가능성이 높고 당신의 반응은 의사결정을 내리는 데 유용한 지침이 될 수 있다. 만약 대답이 '아니오'라면, 과거로부터 와서 현재를 사로잡고 있는 익숙한 신호를 찾아보라. 살면서 비슷한 느낌을 받았던 때를 생각해 보라. 과거와 현재에서 유사한 위험 신호를 찾아보라. 경험들을 연결하는 실마리를 찾으면 자신의 패턴을 이해하는 데 도움이 되는 새로운 정보를 얻을 수 있다.

안전은 생존에 필수적이지만 신경계에서는 위험에 처하지 않는 것이 곧 안전을 의미하지 않는다. 위험에서 벗어났다고 해서 안전에 대한 신경지를 경험할 수 있는 것은 아니다. 안전감을 만들기 위해 마련된 신경계는 우리가 소통하고 관계 맺는 방식에 영향을 미친다. 학교의 보안 절차나 공항과 기차역의 검역 절차는 실질적인 안전 단계를 높여 주지만 신경지에서는 위험 신호로 경험될 수 있다. 전 세계적인 유행병 시기에 사람들을 분리하는 플라스틱 칸막이, 사회적 거리 두기, 마스크 착용 의무화 등은 안전을 지키는 데 필수적일 수 있지만 그것이 안전의 신경지를 불러오지는 않는다.

균형 잡힌 상호작용을 하는 신경계를 떠올려 보라. 이런 신경계를 탐색할 때 느끼는 안전과 위험의 신호는 무엇인가? 당신은 살아 있고 조절에 닻을 내리고 있다고 느끼는 방식으로 안전 신호를 인식할 것이고, 교감신경과 등 쪽 미주신경의 생존 상태가 활성화되는 방식으로 위험 신호를 인식할 것이다. 이런 경험에 지각을 가져와서 신경지가 당신을 어디로 데려가는지 살펴보라.

웰빙을 위해서는 위험과 안전 신호에 모두 주의를 기울일 필요가 있다. 우리는 위험 신호를 줄이거나 해결하고 안전 신호를 능동적으로 경험할 필요가 있다. 이 중 어느 하나가 없다면 웰빙과는 거리가 멀다. 이를 탐색하려면 아주 약간 안전하지 않다고 느껴지거나 약간 고통스러운 전조 신호를 가진 특정 경험을 떠올려 보라. 먼저 지각을 신경지로 가져와서 자신이 느끼는 특정한 위험 신호를 확인한다. 자신의 몸 안, 외부 환경, 자신과 다른 사람들 사이에서 신호를 찾기 위해 신경지의 세 가지 흐름을 사용해 보라. 위험 신호를 발견하면 어떻게 그것을 줄이거나 해결할 수 있을지 생각해 보라. 가능한 방법은 무엇인가? 경험은 종종 하나 이상의 위험 신호를 포함한다. 잠시 멈추어 당신이 찾은 것을 살펴보라.

이제 안전 신호로 주의를 옮겨 보자. 시간을 갖고 현재 경험에서 체화되고, 환경적이고, 관계적인 안전 신호가 무엇인지 살펴본다. 인간은 생존을 위해 부정 편향(Negativity Bias)을 가지고 있다. 그래서 위험 신호를 주시하고 안전 신호를 자주 놓친다. 경험을 되돌아보면서 당신이 놓쳤을지도 모르는 안전 신호가 있는지 살펴보라. 그다음 호기심을 가지고 어떤 안전 신호를 가져올 수 있을지 탐색해 보라.

자각은 신경지를 다루는 데 필요한 능동적인 요소이다. 자신의 내적 감시 체계에 관여하고 이를 지혜롭게 사용하는 법을 배우기 위해 위험 신호를 자각하고 안전 신호와 연결하려는 의도를 가져 보라. 우리는 자각을 통해 호기심을 가지고 탐색하고, 일상의 경험에서 체화된 안전감을 만드는 데 필요한 조건들을 만들 수 있다.

"몸과 뇌가 함께 작동하도록 요청할 때,
우리는 단순히 이야기를 듣는 사람이 아닌
이야기의 편집자이자 작가가 된다."

6장

연결과 보호의
패턴 파악하기

인생은 에너지 패턴이다.

–

베이커 브로넬,
《새로운 우주》

자율신경 패턴은 우리가 살아가는 환경과 관계 맺는 사람들에 의해 형성된다. 안전 신호는 연결감을 깊게 하는 반면, 위험 신호는 삶에 닻을 내린 느낌으로부터 우리를 멀어지게 한다. 신경계는 이런 신호를 받아들여 우리가 하루를 보내는 동안 연결과 보호의 경로를 만든다. 비록 신경계는 과거의 경험에 의해 형성되지만 새로운 신호를 받아들이고 경로를 갱신하는 일을 멈추지 않는다. 따라서 세상과 자신의 습관적인 반응에 주의를 기울이는 법을 배우면 자신의 연결 패턴과 보호 패턴이 조용히 유지되거나 살아나는 방식을 알 수 있다.

신경계는 트라우마를 겪는 순간 생존을 돕고 일상의 문제를 헤쳐 나가도록 연결과 보호의 경로를 사용한다. 사랑과 기쁨의 순간은 물론 두렵고 상처받는 순간까지, 우리가 경험하는 무수히 많은 순간이 한데 엮여 특별한 모양을 만들어 낸다. 개인적인 경험에 따라 더 강력한 연결 패턴이나 보호 패턴을 구축하기도 한다. 좋은 소식은 신경계가 어떻게 형성되었든 간에 보호에서 벗어나 연결로 돌아갈 수 있는 능력이 우리 생명 활동 안에 내장되어 있다는 것이다.

안전과 조절에 닻을 내린 위계 구조의 가장 높은 상단은 신체적·심리적 웰빙을 찾고 건강과 성장, 회복을 경험하는 곳이다. 나는 이곳을 자율신경의 집(Autonomic Home)이라고 부른다. 2장의 실습 내용을 되돌아보면서 배 쪽 미주신경의 편안함 안에서 보았던 풍경이 어떠했는지 되새겨 보라. 연결은 우리를 편안하게 만들고, 보호는 교감신경이 자원을 동원하거나 등 쪽 미주신경이 작동 중지를 일으키게 함으로써 우리를 편안함에서 멀어지게 한다. 우리는 두 가지 생존 상태를 넘나들면서 반복적인 활성화를 통해 자신의 보호 프로파일을 생성한다. 시간이 지남에 따라 우리의 습관적인 생존 반응은 자원 동원과 투쟁-도피 또는 단절과 작동 중지로 더 기울어진다. 그런 다음 보호 패턴이 필요할 때 편안함에서 멀리 떨어진 그곳으로 우리를 쉽게 옮겨 간다.

실습: 편안함에서 멀리 떨어진 곳

편안함에서 멀리 떨어진 곳은 등 쪽 미주신경의 단절에 뿌리를 두고 있다. 나는 너무 많은 위험 신호를 느낄 때 내적으로 한 걸음 물러난다. 예전만큼 강렬한 반응은 아니어서 주변 사람들이 알아채지 못하는 경우가 많지만, 그 순간 나는 더 이상 온전히 연결되지 못하고 상실감을 느낀다.

잠시 시간을 갖고 당신이 세상을 어떻게 헤쳐 나가는지 생각해 보라. 당신이 편안함에서 멀리 떨어진 곳은 어디인가? 연결이 끊어지고 보호 패턴이 작동하면 보통 어디로 가는가? 교감신경의 행동 체계가 강렬히 충전되어 위험 신호를 견뎌 내는가, 아니면 등 쪽 미주신경이 신경계를 작동 중지시켜 위험에서 벗어나는가? 편안함을 되찾고자 할 때 생존 반응이 당신을 보호하기 위해 어떤 방식으로 작동하는지 호기심을 가지고 살펴보라. 만약 편안함에서 멀리 떨어진 공간에서 보호받지 못했다면 어떤 일이 일어났을지 스스로에게 물어보라. '만약에 그랬다면

~'이라는 문장으로 자신의 이야기를 탐색할 수 있다. 예를 들어 다음과 같은 문장들이다. '만약에 내가 곧장 그렇게 불안해하거나 화내지 않았더라면 나는 ~했을 것이다.' 혹은 '만약에 내가 드러나서 세상과 연결된다면 ~할 것이다.' 자신만의 문장을 적어 보고 당신을 보호하기 위해 신경계가 어떻게 작동하는지 살펴보라.

연결과 보호의 생명 활동에 대한 이해는 우리에게 희망을 준다. 생애 초기 경험은 우리의 신경계를 형성하고 계속되는 경험은 그것의 형성을 지속시킨다. 무엇이 우리를 보호로 이끄는지 알면 그런 경험을 줄이고 더 많은 연결의 순간을 만드는 방법을 탐색할 수 있다. 그리고 연결을 향한 신경계를 형성하는 현재의 경험을 발견할 때 그 경험들과 더 자주 만나고 패턴을 심화할 수 있다.

보호 패턴에 대해 생각하고 생존 반응에 관해 이야기할 때마다 '적응'이라는 단어를 추가하고 싶다. 우리의 생각·느낌·행동이 미친 것 같거나 적절치 않거나 설명할 수 없는 것처럼 보일 수 있지만, 자율신경계는 항상 우리의 생존을 위해 작동하고 있다는 점을 기억할 필요가 있다. 때로는 인지적으로 말이 안 되지만 신경계는 필요성을 느끼고 행동을 취한다. 그런 시각으로 자신의 반응과 주변 사람들의 반응을 바라봄으로써 비판적이지 않고 호기심을 유지할 수 있다. 그리고 호기심은 자비심과 자기자비의 문을 열어 준다.

당신의 적응적인 생존 반응, 즉 당신을 자원 동원 또는 작동 중지 상태로 이끌어 간 보호의 순간을 떠올려 보라. 호기심의 공간에서 잠시 시간을 갖고 적응적인 생존 반응을 탐색해 보라. 당신의 신경계는 무엇을 감지했는가? 생존 반응이 어떻게 당신을 보호했는가? 다음으로 주변의 누군가가 그만의 적응적인 생존 반응으로 옮겨 갔던 때를 떠올려 보라. 호기심을 갖고 그들에게 무슨 일이 일어났는지 살펴보라.

자신의 것이든 다른 사람의 것이든 호기심을 갖고 적응적인 생존 반응을 살펴보는 일은 어려울 수 있다. 신경계의 렌즈를 통해 바라보는 법을 배우다 보면 호기심에서 벗어나 자기판단과 자기비판으로 넘어가기 쉽다. 나는 가장 좋아하는 단어 중 하나인 '아직'이라는 단어를 추가함으로써 자기판단과 자기비판에 빠지지 않고 쉽게 자기자비를 불러일으킬 수 있음을 발견했다. '아직'이라는 말은 변화와 가능성을 가지고 있다. "나는 아직 나 자신에게 말하는 이야기에 호기심을 가질 수 없어." "나는 아직 다른 사람들의 행동을 판단하지 않고 바라볼 수 없어." 이와 같은 문장을 만들고 문장 안에 '아직'이라는 단어를 추가한 다음 무슨 일이 일어나는지 지켜보라.

이야기와 행동이 생명 활동에 기반하고 있음을 알면 우리가 동기라고 이름 붙인 것은 단지 생존을 위한 자율신경의 의도임을 알게 된다. 인간은 도덕적인 의미를 만들고 의도를 가져다 붙이지만 자율신경계는 선악의 관점에서 생각하지 않고 단지 생존을 위해 작동한다. 당신의 말에 귀 기울이지 않는 친구가 있다고 가정해 보자. 그는 여전히 당신과의 관계를 유지하고 싶어 하지만, 그의 생명 활동이 현재에 머물고 귀 기울이는 것을 불가능하게 만들고 있음을 알면 색다른 경험을 하게 될 것이다. 또는 자녀가 말을 듣지 않는 게 반항적이라서가 아니라 스스로 조절할 수 없기 때문일 수 있다. 상태를 알기 위해서는 행동의 이면을 살펴봐야 한다는 사실을 기억한다면, 자신의 보호 패턴에 따라 반응하지 않으면서 조절에 닻을 내린 채로 연결을 위해 손 내미는 일이 더욱 쉬워진다.

좋아하는 사람이나 갈등을 겪고 있는 사람을 마음속에 떠올려 보라. 신경계의 렌즈를 통해 그들을 바라보라. 무엇이 보이는가? 그들의 신경계가 그들을 어디로 데려가는가? 그것이 당신이 하고자 하는 일에 어떤 영향을 미치는가? 이제 당신이 연결을 위해 애쓰는 사람을 마음속에 떠올려 보라. 당신이 만들어 낸 이야기는 옆으로 제쳐 두고 신경계의 렌즈를 통해 바라보라. 그들이 어떤 상태에 갇혀 있는 것처럼 그려지는가? 이것이 호기심이나 자비심을 발견하는 데 도움이 되는가?

우리는 다양한 방식으로 사람들에게 꼬리표를 붙인다. 그들이 부주의하고, 노력하지 않으며, 변화를 원하지 않고, 게으르고 무책임하며, 항상 화가 나 있거나 신뢰할 수 없는 사람이라고 말한다. 이런 꼬리표를 사용하는 대신 사람들이 잘 조절되지 않는 상태에 있다고 생각하면 어떨까? 자율신경 상태를 통해 행동을 바라보면 그것이 이치에 맞는다. 어떤 사람이 교감신경의 투쟁-도피 에너지에 이끌리거나 등 쪽 미주신경의 작동 중지 상태에 갇혀 있다면, 그들의 생명 활동은 연결과 상호조절과 건강한 자기조절 전략을 사용하지 않는다. 동기와 의미에 관한 이야기 대신 자신 또는 다른 사람의 적응적인 생존 반응을 인식할 때, 우리는 위험에 대한 신경지와 보호의 필요성에 반응하는 자율신경계의 이야기에 귀 기울일 수 있다.

연결과 보호의 방정식

—

나는 연결과 보호 사이의 오고 감을 생각할 때 간단한 방정식을 사용한다. 우리는 안전 신호가 위험 신호보다 크면 연결하기 위해 움직이고, 위험 신호가 안전 신호보다 크면 보호하기 위한 행동을 취한다. 때때로 이것은 신호의 개수로 느껴진다. 즉 어느 한쪽의 신호가 조금 더 많을 뿐이다. 어떤 때는 하나의 특정 신호의 강도가 여러 개의 다른 신호에 맞먹을 수 있다. 누군가가 보내는 미소와 같은 안전 신호가 여러 개의 위험 신호가 있는 환경보다 더 큰 비중을 차지할 수 있다. 신경계는 지속적으로 신호를 받아들이기 때문에 안전과 위험의 방정식은 수시로 변화한다. 신호의 수 또는 신호의 강도가 변함에 따라 방정식은 우리의 몸, 행동, 이야기에 영향을 미친다. 연결의 힘이 보호의 힘보다 클 때 우리는 안전과 조절에 닻을 내리고 있으며 손을 내밀어 탐색할 준비가 된 것이다. 이때 우리의 이야기는 하나의 희망이자 가능성이다. 반대로 보호가 연결보다 힘이 클 때 우리는 과도한 자원 동원이나 붕괴로 빠져든다. 그러면 호기심을 잃고 세상을 안전하지 않은 것으로 본다. 이때 우리의 이야기는 우리가 느끼는 위험이나 무관심을 반영한다.

잠시 시간을 내어 자신의 연결과 보호의 방정식을 실험해 보라. 안전 신호가 위험 신호보다 클 때 어떤 느낌이 드는지 살펴보라. 몸에서 무슨 일이 일어나는지 알아차려 보라. 그러고 나서 자신의 느낌을 살펴보라. 마지막으로 떠오르는 이야기를 알아차려 보라. 이어서 균형이 무너지고 위험 신호가 안전 신호를 압도하기 시작함에 따라 어떤 일이 일어나는지 느껴 보라. 자원을 동원하는 상태로 옮겨 가거나 작동 중지 상태로 빠져들면서 어떤 일이 일어나는지 느껴 보라. 몸의 반응부터 알아차린 다음 당신이 찾아낸 느낌이 무엇인지 알아보고, 마지막으로 떠오르는 이야기에 귀 기울여 보라.

실습: 신호 식별하기

이런 기본적인 요소를 이해했다면 다음 단계로 이동해 방정식을 변화시키는 안전 신호와 위험 신호를 식별할 수 있다. 목표는 우리를 연결로 초대해 어떤 사물, 사람, 장소로 끌어당기는 신호와 보호를 활성화해 우리를 멀리 밀어내는 신호를 명확히 구별해 내는 것이다. 연결 능력에 큰 영향을 미치는 알아차림에서 우리를 멀어지게 하는 배경의 숨은 신호에 주의를 기울일 필요가 있다.

호기심에 머물며 자기비판에서 벗어나는 것이 이 실습의 핵심이다. 판단하지 않으면서 호기심을 가질 수 있도록 조절에 닻을 내릴 필요가 있다. 배 쪽 미주신경계가 살아 있음을 감지할 수 있는 신체 부위에 손을 올리거나, 배 쪽 미주신경의 풍경으로 돌아가거나, 배 쪽 미주신경 상태가 되도록 도움을 주는 실제 장소로 이동함으로써 조절에 연결할 수 있다.

● 느끼기

신호를 어떻게 느끼는지부터 탐색해 보자. 자신의 신경지가 언제 안전한지 어떻게 아는가? 자신에게 더 가까이 다가가고 참여와 연결을 희망하는 경험에 대해 생각해 보라. 몸에서 무슨 일이 일어나는가? 느낌은 어떤가? 여기서 무엇을 하고 싶은가? 당신이 듣는 이야기는 무엇인가? 신경지가 안전하면 몸이 열려 있는 느낌을 받는다. 그 순간 세상은 당신에게 관심이 있고 당신은 참여하고 탐색할 준비가 되어 있다. 당신의 이야기는 가능성과 선택지로 가득 차 있다.

다음으로 당신을 분노 또는 불안으로 가득 차게 만들고 논쟁하거나 도망치고 싶게 만드는 경험을 탐색해 보라. 이런 위험 신호를 알아보라. 몸에서 무슨 일이 일어나는가? 느낌은 어떤가? 여기서 무엇을 하고 싶은가? 당신이 듣는 이야기는 무엇인가? 이 위험한 느낌으로 인해 당신의 몸은 긴장을 느끼고, 걱정으로 가득 차고, 세상 사람과 사물을 다루어야 한다는 끊임없는 욕구로 들끓는다. 이 순간 당신의 이야기는 혼돈의 세상 속에 갇혀 있다.

마지막으로 당신을 압도하고 작동 중지시키고 단절시키는 경험을 탐색해 보라. 지금 몸에서 무슨 일이 일어나는가? 느낌은 어떤가? 무엇을 하고 싶은가? 당신이 듣는 이야기는 무엇인가? 작동 중지로 끌어당기는 힘을 느낄 때 당신은 몸에서 에너지가 빠져나가고 희망을 잃기 시작한다. 이 순간 당신의 이야기는 포기에 관한 것이며, 노력할 가치가 없고 아무것도 변하지 않을 것이라는 믿음이다.

● 받아들이기

우리가 신호를 어떻게 느끼는지 더 많이 알게 되었으니, 다음 단계는 언제 우리가 신호를 느끼는지 알아보는 것이다. 당신은 안전 또는 위험 신호를 느끼는 순간을 알아차릴 수 있는가? 당신의 신경계는 어떤 징후로 신호가 도착했음을 알려 주는가? 위계 구조의 가장 하단에서 시작해 보자. 최근의 상호작용을 떠올려 보고, 위험 신호가 나타나 작동 중지 상태로 끌려갔던 순간을 찾아보라. 신경계가 그런 정보를 보내는 방식을 알아보라. 아마도 몸에서 무엇인가 일어나고 있음을 느낄 것이다. 어쩌면 움직임이 나타날 수도 있고 단어를 듣거나 이미지가 나타날 수도 있다. 위계 구조에서 한 단계 위로 올라가 투쟁-도피로 이어진 최근의 상호작용에 대해서도 똑같은 작업을 수행해 보라. 신경계가 그런 정보를 보내는 방식을 알아보라. 마지막으로 위계 구조의 가장 상단에서 안전 신호 및 당신의 신경계가 보내는 메시지와의 최근 상호작용을 살펴보라. 안전과 위험 신호가 신경계에 도달하는 방식에 관해 알아낸 것을 노트에 기록하라.

● 이해하기

신경지에서 흘러나오는 경험에 귀 기울이고 우리가 신호를 언제 어떻게 받아들이는지 알게 되었으니, 이제 그런 신호가 무엇인지 생각해 보자. 위험과 안전 신호를 확인하기 위해 방금 사용했던 상호작용으로 돌아가 당신이 연결된 특정 신호를 살펴보자. 당신을 작동 중지 상태로 끌고 간 위험 신호부터 시작한다. 당신을 보호 상태로 옮겨 가게 하는 경험은 무엇인가? 어떤 소리가 있는가? 목소리 톤이나 누군가의 표정 등 특별히 보이는 것이 있는가? 보호 상태로 옮겨 감에 따라 어떤 말이 들리는가? 어떤 믿음이 생겨나는가? 잠시 멈추어 발견한 것을 기록하는 시간을 가져 보라.

다음으로 다른 위험한 경험으로 돌아가 자원을 동원하는 상태로 옮겨 가게 하는 신호와 투쟁-도피의 에너지를 탐색해 본다. 소리 또는 특별히 보이는 것, 목소리 톤, 누군가의 표정, 들리는 말, 생겨나는 믿음을 다시 한번 찾아보라. 이런 보호 상태로 옮겨 가게 하는 특정한 신호를 기록하라.

이제 안전 신호로 가득했던 경험으로 돌아간다. 연결 상태로 옮겨 가게 하는 경험에는 무엇이 있는가? 환경에 무엇이 있는가? 또 다른 사람이 있는가? 연결 상태로 옮겨 감에 따라 어떤 말을 듣는가? 여기서 생겨나는 어떤 믿음이 있는가? 여기서 잠시 멈추어 발견한 것을 기록하라.

● 패턴 찾기

무엇이 우리를 보호 또는 연결 상태로 데려가는지 탐색하다 보면 패턴을 찾을 수 있다. 연결을 유도하거나 보호를 활성화하는 특정한 목소리 톤, 표정, 단어가 있는가? 대부분 사람에게 미소 띤 얼굴은 연결 패턴을 가져오고 무표정한 얼굴은 보호 패턴을 활성화한다. 특정한 소리가 있는가? 나에게 바닷소리는 자동적으로 연결을 가져오는 반면, 수많은 사람이 모여서 말하는 소리는 보호 상태로의 이동을 활성화한다. 당신을 둘러싼 환경은 어떤가? 바다 풍경은 나를 연결로 초대하지만 도시 풍경은 나를 보호 상태로 데려간다.

사람들과 반려동물에게 주의를 기울여 보라. 일상에서 안전 신호를 불러오는 사람이 있는가 하면 어떤 사람은 위험 신호를 활성화한다. 단체도 종종 똑같은 작용을 한다. 규모가 큰 집단의 사람들은 보호 패턴을 활성화하는 경향이 있고, 서너 명 규모의 작은 집단은 연결로의 안전한 초대를 제공한다. 반려동물은 생동감 있는 연결 패턴을 가져오는 것으로 알려져 있다. 만약 당신에게 사람이 위험 신호가 된다면 반려동물이 대신해서 안전한 연결감을 가져다줄 수 있다. 시간을 갖고 반응을 살펴보라. 자신의 특정 패턴을 파악하고, 자신을 어떤 상태로 옮겨 가게 하는 요인을 알게 되면, 이 정보를 사용해 안전 신호가 위험 신호보다 더 큰 비중을 차지하는 방정식을 만들 수 있다.

● 유연성 기르기

우리는 웰빙이 유연한 자율신경계의 결과임을 알고 있다. 사람들은 항상 보호 패턴에 이끌려 가면서 연결 상태로 되돌아가는 길을 찾기 위해 애쓴다. 그러나 보호 패턴과 연결 패턴 사이를 오가고 보호 상태에 갇히지 않는 능력을 기름으로써 우리는 유연성을 기를 수 있다. 유연성은 회복탄력성(Resilience)과 관련이 있다. 회복탄력성은 연결 패턴에서 보호 패턴으로 옮겨 갔다가 다시 쉽게 연결 패턴으로 되돌아가는 신경계의 결과로서 나타난다. 회복탄력성 수준을 측정하는 방법은 자신이 얼마나 자주 보호 상태로 끌려가는지, 또 얼마나 오래 거기에 머무는지, 그리고 얼마나 쉽게 다시 연결 상태로 되돌아갈 수 있는지를 추적하는 것이다.

실습: 생존 상태에서 빠져나오기

● 귀 기울이기

먼저 안전에 내린 닻을 찾은 다음 생존 상태에 갇혀 있는 경험을 탐색하려는 의도를 설정한다. 자신의 생존 반응 중 하나를 활성화했던 상황을 떠올려 보라. 정말로 빠져나오길 원했지만 자원을 동원하거나 작동 중지된 상태에서 빠져나올 수 없어서 갇혀 있었던 곳을 찾아보라. 스스로 말하고 있는 이야기에 귀 기울여 보라. 정보는 몸에서 뇌로 가는 경로를 따라 이동한다는 사실을 기억하라. 몸에서 일어나는 일을 이해하는 것은 뇌가 할 일이며, 그래서 뇌는 동기와 의미로 가득 찬 이야기를 만들어 낸다. 그 이야기는 대부분 자기 자신이나 다른 사람들에 대한 비난, 비판, 판단 중 하나이다. 실습을 진행하면서 단지 귀 기울 여 듣기만 하라. 지금은 정보를 수집하는 단계이지 변화를 만드 는 시간이 아니다.

● **호기심 갖기**

뇌의 이야기를 들었으면 이제 자율신경의 이야기로 주의를 돌려 보자. 이를 위해 먼저 생존 상태를 확인한 다음 그것에 이름을 붙여 보라. 신경계 렌즈를 통해 바라볼 때 당신은 어디에 있는가? 자원을 동원하고 있는가, 아니면 작동 중지 상태에 있는가? 연결과 보호의 방정식이 균형을 잃었기 때문에 이런 반응이 활성화되었음을 기억하라. 당신의 생명 활동은 위험에 대한 신경지에 반응해 왔다. 이 사실을 기억하고 자신의 경험에 이름 붙이는 일은 판단과 자기비난을 내려놓고 호기심을 위한 공간을 만드는 과정의 시작이다. 자신의 상태에 관심을 두면서 신경계가 말하는 이야기에 귀 기울여 보라. 이것을 뇌가 만들어 내는 이야기와 비교해 보면서 공통점 또는 차이점을 찾아보라.

● 방정식 바꾸기

우리는 위험 신호가 안전 신호보다 클 때 보호를 위해 연결 상태에서 빠져나온다는 사실을 알고 있다. 위험 신호를 확인하는 데 주의를 기울여 보라. 그중 하나라도 줄이거나 해결할 수 있는가? 그런 다음 안전 신호를 추가할 수 있는 방법을 찾아보라. 경험에 무엇을 가져올 수 있는가? 신경계가 보호 패턴에서 벗어나 연결 상태로 돌아가는, 즉 갇혀 있지 않을 만큼 충분히 안전한 상태로 되돌아가기 시작하는 신호의 조합을 찾을 때까지 계속 시도해 보라.

● 변화 관찰하기

안전과 조절에 닻을 내리고 있을 때 드러나는 특징은 전진하고, 대안을 찾고, 문제를 창의적으로 해결하는 능력이다. 당신의 방정식에서 균형을 바꾸면 어떤 일이 일어나는가? 안전 신호가 위험 신호보다 더 커지기 시작할 때 어떤 변화가 있는가? 자신의 상태 변화와 그 변화에 따라오는 자율신경과 인지적인 이야기에 호기심을 가져 보라.

안전하게 자율신경 상태 오가기

—

때때로 자율신경 상태는 조화롭게 작동한다. 배 쪽 미주신경 상태가 중요한 역할을 하기 위해 교감신경 상태와 등 쪽 미주신경 상태의 공간을 차지할 때 그렇다. 이때는 상태 간의 이동이 쉬워지고 그 경험이 일종의 웰빙을 느끼게 한다. 어떤 때는 교감신경 상태나 등 쪽 미주신경 상태가 공간을 차지하고 그러면 경로가 더 험난해진다. 나의 저서 《치료에서의 다미주신경 이론》에서 처음 소개한 다음과 같은 명상은 연결과 보호의 경로를 알게 해 준다.

탐험가가 새로 발견한 땅을 차지하기 위해 깃발을 꽂는 것처럼 배 쪽 미주신경 상태의 영역에 깃발을 꽂아 보자. 이 신경계가 제공하는 안전의 에너지에 뿌리내리고 있는 자신을 느껴 보라. 호흡이 충만하고 각각의 날숨이 안전과 연결을 지원하는 경로를 따라 당신을 움직이게 한다. 심장박동에 리듬이 있고 그것이 웰빙을 불러온다. 당신은 자율신경의 안전 회로 안에 있다. 몸에서 뇌로 가는 경로는 안전의 메시지를 보내고, 다시 뇌에서 몸으로 가는 경로가 안전에 관한 이야기를 만들어 낸다. 이런 안전의 토대 위에서, 당신의 닻이 배 쪽 미주신경계에 단단히 뿌리내리고 있다는 감각을 가지고서 교감신경과 등 쪽 미주신경의 반응을 탐색할 수 있다.

먼저 교감신경계가 자원을 동원하는 에너지에 다가가 본다. 호흡이 변하고 심장박동이 빨라지는 것을 느껴 보라. 움직이고 싶어질 수 있고 생각이 소용돌이치기 시작할 수도 있다. 당신이 행동하도록 신경계를 움직이는 교감신경의 바다와 그곳에서 움직이는 에너지를 상상해 보라. 어쩌면 불어오는 바람, 흐트러지는 바닷물, 물결, 해안으로 몰려오는 큰 파도, 부서지는 큰 파도를 느낄 수도 있다. 당신은 안전 회로에 매여 있어서 이 교감신경의 폭풍을 안전하게 헤쳐 나갈 수 있다. 자신의 닻이 배 쪽 미주신경의 조절이라는 단단한 대지에 깊이 뿌리내리고 있음을 기억하라.

다시 처음 닻을 내린 곳으로 돌아간다. 호흡과 심박수의 에너지가 조절됨을 느껴 보라. 가슴에서 따뜻한 에너지의 흐름을 느끼면서 아래에 있는 단단한 대지를 느껴 보라. 당신의 배 쪽 미주신경계가 안전의 신호를 보내고 있다.

이어서 천천히 등 쪽 미주신경 상태로 내려간다. 이것은 현재의 알아차림을 무감각 상태로 데려가기 위한 하강이 아니다. 다만 단절감에 살짝 발을 담가 보는 실험일 뿐이다. 몸에서 에너지가 빠져나가고 모든 것이 느려지기 시작할지 모른다. 움직임에 제한을 느낄 수도 있다. 처음 닻을 내렸던 장소, 배 쪽 미주신경 상태와의 연결을 기억하면서 이 경험을 다루어 보라. 등 쪽 미주신경의 깊이와 속도를 통제하는 에너지가 조절되는 것을 느껴 보라. 당신은 비탈길을 따라 이동하는 것이지 허공으로 곤두박질치는 게 아니다. 등 쪽 미주신경의 경험을 안전하게 탐색할 수 있도록 자신의 배 쪽 미주신경의 공간을 유지하면 깃발은 안전하다.

이제 다시 한번 배 쪽 미주신경의 조절에서 시작했던 곳, 닻을 내렸던 곳으로 돌아간다. 자율신경의 안전 회로가 당신을 이끌 때 교감신경 및 등 쪽 미주신경의 반응과 친숙해지는 법을 음미해 보라.

실습: 조절된 경로 여행하기

앞서 신경계 상태 사이를 이동하기 위한 가이드로 명상을 사용
했으므로, 이제 안전하고 쉽게 상태 사이를 이동하는 데 도움이
되는 경로를 탐색할 수 있다. 먼저 세 가지 상태가 연결되어 함
께 작동할 때 당신이 어떤 경로를 따라가는지 상상해 보라. 배
쪽 미주신경 상태는 신경계를 조절하며, 교감신경과 등 쪽 미주
신경 상태는 배경에서 작동한다. 교감신경계는 하루를 살아가
는 데 필요한 에너지를 공급하고 등 쪽 미주신경계는 소화를 조
절하고 영양분을 공급한다. 이것이 바로 건강한 항상성의 상태,
즉 웰빙의 공간이다. 당신은 조절에 닻을 내리고 안전감을 느끼
며 여행하고 있다. 실제로 걸을 수 있는 길, 붙잡을 수 있는 밧줄,
타고 오를 수 있는 사다리가 보일 수도 있다. 어쩌면 엘리베이
터를 타거나 한 줄기 빛에 올라탈 수도 있다. 잠시 시간을 내어
신경계 상태 사이에서 자신만의 독특한 경로를 찾는 시간을 가
져 보라.

이제 자신의 개인적인 경로로의 여행을 실험해 본다. 배 쪽
미주신경에서 교감신경을 거쳐 등 쪽 미주신경으로, 다시 교감
신경을 거쳐 배 쪽 미주신경 상태로 이동한다고 상상해 보라.
당신의 경로가 어떻게 신경계 상태 사이를 유연하고 쉽게 이동

할 수 있도록 지원하는지 알아보라. 온전히 안전하고 지지받는 다고 느끼기 위해 필요한 방식이면 어떤 방식으로든 이미지를 변화시켜 보라. 등 쪽 미주신경의 천천히 움직이는 자양분, 교 감신경의 신나고 흥분되는 느낌, 배 쪽 미주신경의 편안한 연결 사이에서 당신을 안전하게 이끄는 조절된 경로를 기록하기 위 해 잠시 시간을 가져 보라. 많은 사람이 이런 경로를 기록할 때 어떤 형태의 그림이나 예술 활동, 단어의 조합이 도움이 된다고 말한다.

실습: 보호의 경로 찾기

경로 이미지를 활용해 조절된 신경계를 이동하는 경험을 바탕 으로, 교감신경의 에너지와 등 쪽 미주신경의 보호 반응으로 인 해 어려움에 처했을 때 신경계 상태 사이를 안전하게 이동하는 법을 탐색할 수 있다. 먼저 연결에서 벗어나 아래로 내려가는 경로를 탐색해 보고, 당신이 교감신경 상태로 자유낙하해서 등 쪽 미주신경 상태로 곤두박질치지 않도록 해 주는 것이 무엇인 지 찾아보라. 어떻게 하강 속도를 늦추는가? 당신은 조절된 경 로를 사용하고 여정을 지켜 줄 구체적인 사항을 추가할 수 있 다. 예를 들어 경로를 따라 배치된 휴식 공간, 난간이나 손잡이, 엘리베이터의 정지 지점을 더 많이 두거나 색조 있는 빛줄기를 원할 수 있다. 때로는 보호의 경로가 조절의 경로와 완전히 다를 수 있다. 완만한 길이 절벽으로 변할 수도 있다. 내면을 향해 귀 기울이는 시간을 갖고, 자신의 신경계가 연결에서 벗어나 하강하는 경로와 그 여정을 안전하게 해 주는 요소들을 보여 줄 수 있게 하라.

두 가지 보호 상태를 통해 연결에서 벗어나는 움직임을 조절하는 법을 탐색했으니, 이제 반대 방향으로 이동하는 메커니즘을 살펴보자. 교감신경이 자원을 동원하는 에너지에 연결되기 위해 스스로 등 쪽 미주신경의 부동화에서 빠져나오기란 쉽지 않다. 종종 위쪽으로 이동하기 위해서는 도움이 필요하다. 예를 들어 상승하기 위해 누르는 버튼, 공상과학에 나오는 순간이동 장치가 발산하는 것과 같은 빛줄기, 누군가가 내밀어 주는 손길 같은 것들 말이다. 신경계가 당신에게 이미지를 보내도록 잠시 시간을 가져 보라.

배 쪽 미주신경의 연결로 올라가기 위한 여정을 계속하려면 조직화된 방식으로 자원을 동원하는 에너지와 연결될 필요가 있다. 이 에너지와 안전하게 연결될 방법이 없다면 우리는 이곳에 갇혀 있거나 등 쪽 미주신경으로 되돌아가는 길을 택할 것이다. 당신이 이 에너지를 배 쪽 미주신경의 조절로 계속해서 나아가게 하는 자원으로 활용하려면 무엇이 필요한가? 그것은 등 쪽 미주신경에서 상승한 요소로부터 이어지는 것일 수도 있고 새로운 것일 수도 있다. 당신을 계속해서 이동하게 하고 정상

궤도를 유지하게 하는 데 도움이 되는 요소를 찾아보라.

안전에서 벗어나 생존으로 그리고 다시 안전으로 돌아가는 경로의 필수적인 요소를 발견했다면 계속해서 이 과정을 진행하면서 아래로 내려갔다가 다시 돌아오라. 이 경로를 사용하면서 그것들이 작동하는 방식에 익숙해지고 경로를 여행할 수 있는 능력에 자신감을 가져보라. 이렇게 할 때마다 연결 상태에서 보호 상태로 이동하고 다시 돌아오는 능력이 강화된다. 이 경로를 통해 연결 상태에서 벗어나 보호 상태로 이동하는 경험을 다루고, 다시 안전과 조절의 편안한 장소로 되돌아갈 수 있으며, 배 쪽 미주신경 상태에 닻을 내리고 머물 수 있다. 당신이 발견한 것을 기록하는 시간을 가져 보라.

실습: 편안함에서 멀리 떨어진 공간에 감사하기

조절의 닻에서 시작해 보호 패턴과 함께 작업할 때, 자신의 자율신경계가 생존을 위해 작동하는 방식을 이해하고 그것에 감사하는 마음을 가질 수 있다. 편안함에서 멀리 떨어진 공간을 안전하게 탐색하기 위해, 보호가 필요할 때 자율신경계가 당신을 데려가도록 학습된 공간인 배 쪽 미주신경 상태에 닻을 내리는 것부터 시작하라. 이곳은 당신이 안전하다고 느끼고, 당신의 신경계가 조절되고, 당신의 연결 패턴이 발견되는 곳이다. 자신의 몸에서 배 쪽 미주신경의 편안한 에너지를 느낄 수 있는 곳에 손을 올려 보라. 잠시 그곳에 머물면서 현존하는 안전과 조절감을 느껴 보라.

이제 편안함에서 멀어져 연결의 안전감을 잃었을 때 보호 반응을 찾기 위해 이동하는 공간을 자율신경계가 보여 주게 하라. 배 쪽 미주신경의 공간에서 당신은 여전히 안전하다는 사실을 기억하라. 그곳에 닻을 내리고 안전하게 머무는 동안 당신의 여정은 계속될 것이다. 편안함에서 멀어진 공간이 자신을 보호해 온 방식에 호기심을 가지고 감사하며, 이 공간에 대해 더 알아보길 소망하라. 이 공간이 당신을 위해 일하는 방식을 알아보려면 세상이 너무 위험하다고 느꼈을 때 당신을 구해 주었던 공간을 초대하라. 이미지와 단어를 이용해 정보를 불러오라. 무언가를 바꿔야 한다는 생각 없이 단지 귀 기울이고 받아들여 보라. 열린 마음으로 이 공간의 보호하려는 의도를 배우고 듣고 이해하라.

잠시 시간을 내어 이런 신경계의 상태, 즉 삶의 중요한 부분인 편안함에서 멀리 떨어진 공간에게 감사의 메시지를 보내 보라. 이제 새로운 방식으로 이 공간을 알게 되었고, 원할 때 다시 이 공간을 여행할 수 있으며, 자신의 신경계가 보호를 위해 노력하는 순간에 편안함에서 멀리 떨어진 이 공간이 환영받으리라 믿을 수 있다. 다시 현재로 돌아온다. 지금 이 순간 여기로 돌아온다. 잠시 시간을 갖고 방금의 여정에 대해 생각해 보라. 자신이 알아낸 것과 기억하고 싶은 것을 기록하라.

이 장을 마무리하면서 우리가 일생에 걸쳐 보호를 위해 연결되는 방식에 대해 잠시 생각해 보자. 살다 보면 배 쪽 미주신경의 안전과 연결에 닻을 내리고 머물기 힘든 어려운 경험과 마주하게 되고, 그러면 오래되고 친숙한 교감신경의 투쟁-도피 패턴이나 등 쪽 미주신경의 붕괴 패턴이 우리를 구하려 한다. 때때로 그것은 보호의 순간을 촉발하는 일시적인 사건이고, 때로는 우리를 연결 상태에서 벗어나 보호 상태로 데려가는 지속적이고 잠재적인 상황이다. 누구도 자신의 연결 패턴에서 벗어나 세상과 주변 사람들과 영속적인 관계를 유지할 수 없다. 이는 자기 자신과 다른 사람들에 대한 비합리적이고 실현 불가능한 기대일 뿐이다. 사실 보호의 공간으로 이동하는 순간을 인식하고 연결로 되돌아가는 길을 찾는 것은 회력탄력성의 전형적인 특징이자 우리가 가진 능력이다.

우리는 계속해서 진화 중이며 우리의 자율신경계는 매 순간 귀 기울이고 학습한다. 자율신경의 경험을 자각하고 여기에 연결하는 우리의 능력은 마치 밀물과 썰물처럼 자연스럽게 변화한다. 우리가 할 일은 보호 상태로 옮겨 가는 것을 알아차리고 자각하며, 자기비판에서 벗어나 자기자비를 가지고 안전과 연결의 닻으로 돌아가는 것이다. 어떤 날은 보호 상태에서 벗어나는 일이 자신의 한계를 넘어서는 일처럼 버겁게 느껴지고, 어떤 날은 연결의 닻으로 돌아가는 길을 손쉽게 찾을 수 있다. 나의 제안은 당신이 자신의 패턴을 알아차리고, 자신의 보호 경험에 자기자비를 가지고, 연결의 시간을 즐겁게 받아들이라는 것이다.

"좋은 소식은 연결로 돌아갈 수 있는 능력이
우리 생명 활동 안에 내장되어 있다는 것이다."

7장

안전에
닻 내리기

한겨울, 마침내 나는 내 안에
천하무적의 여름이 있음을 발견했다.
–

알베르 까뮈

나는 조절을 위한 배 쪽 미주신경 상태를 자율신경계의 천하무적 여름이라고 생각한다. 그것은 우리를 웰빙으로 안내하기 위해 항상 존재하고, 이용 가능하며, 체화된 생물학적 자원이다. 비록 상황에 따라 이 자원과 단절되었다고 느낄 수 있지만, 우리는 모두 이것과 다시 연결되고 안전에 닻을 내리기 위해 사용할 수 있는 배 쪽 미주신경 상태를 가지고 있다.

위계 구조의 가장 상단에 있는 배 쪽 미주신경은 웰빙에 필수적인 요소이다. 이는 하나의 자율신경 상태가 다른 상태보다 낫다는 말이 아니다. 각각의 자율신경 상태는 생존 역할을 가지고 비반응적인 일상적 역할을 한다. 다만 우리가 안전함을 느끼고 세상에 참여하려면 배 쪽 미주신경 에너지에 적극적으로 연결될 필요가 있다. 배 쪽 미주신경 상태가 활성화되고 이것이 신경계를 관장할 때, 교감신경과 등 쪽 미주신경 상태는 우리가 신체적·심리적으로 건강하게 지낼 수 있도록 도와주면서 배경에서 작동한다. 배 쪽 미주신경 상태가 신경계를 관장하지 않을 때 우리는 조절력을 잃게 되어 건강 문제를 경험하고, 대인관계에서 고통을 느끼고, 일상생활을 영위하는 데 어려움을 겪는다. 다른 말로 배 쪽 미주신경계에 닻을 내리고 있지 않으면 우리는 망망대해에서 길을 잃고 혼란을 겪는다.

배 쪽 미주신경에 온전히 닻을 내리고 있든 단지 그곳에 발판을 두고 있든지 간에, 이 안전한 에너지를 충분히 느낄 때 우리는 네 가지 연결 경로에 접근해 일상의 문제에 대처할 수 있다. 완전히 몰입해야 한다고 생각하기보다 배 쪽 미주신경과 더 많은 연결을 갖는다고 생각하자. 우리는 신경계를 작동시키고 유지하기에 충분할 만큼 배 쪽 미주신경과의 연결이 필요할 뿐이다.

나는 일상의 요구에 압도당할 위험을 느낄 때면, 비록 조절에 깊이 뿌리내리고 있다고 느껴지지 않더라도 충분한 배 쪽 미주신경 에너지를 유지한 채 일상을 견디며 살아갈 수 있음을 스스로에게 상기시킨다. 그리고 배 쪽 미주신경에 연결되기 위해 다가가는 모습을 상상한다. 때로는 이미지를 사용하기도 하고 어떤 때는 실제로 머리 위로 팔을 뻗기도 한다. 그런 다음 나의 신경계 안에 실제로 사용 가능한 조절 에너지가 충분하다는 사실을 알아차리고, 그것과의 연결을 지속할 수 있다고 확신을 주는 배 쪽 미주신경의 이야기를 듣기 시작한다. 당신이 하루를 안전하게 보내기 위해 충분한 배 쪽 미주신경과 연결하는 이미지는 무엇인가? 상상 속의 이미지를 보고, 행동을 통해 그것을 삶으로 가져오는 시도를 해 보라.

자율신경계 동심원

—

신경계의 에너지와 그것의 작용을 탐색하는 한 가지 방법으로 세 개의 원 이미지를 활용할 수 있다. 등 쪽 미주신경계를 첫 번째 중심 원으로 상상해 보라. 이곳은 인류의 진화 역사와 자궁 내 발달 과정에서 자율신경계의 이야기가 시작되는 곳이다. 이 중심 원은 교감신경계를 나타내는 더 큰 원으로 둘러싸여 있으며, 다시 두 개의 원은 배 쪽 미주신경계를 나타내는 원으로 둘러싸여 있다. 바깥쪽 원이 가장 마지막에 작동하며, 임신 3기(약 30주 후)에 발달하고 생애 첫 1~2년 동안 계속해서 발달한다.

그림3. 자율신경계의 세 가지 원

이와 관련해 내가 사용하는 비유는 배 쪽 미주신경계가 교감신경계와 등 쪽 미주신경계를 둘러싼 채 두 신경계를 따뜻하게 안고 있는 모습이다. 나는 누군가에게 배 쪽 미주신경 에너지를 확장하고 싶을 때 팔을 내밀어 포옹하듯 상대방에게 내 배 쪽 미주신경 에너지를 보내고 있음을 알려 준다. 이는 내담자, 동료, 훈련에 참여한 사람들에게 내가 배 쪽 미주신경 에너지의 안전과 조절 속에서 그들을 지지하고 있음을 알리기 위해 사용하는 간단한 표현이다. 나는 그들에게 배 쪽 미주신경의 포옹을 제공한다. 이 책을 읽으면서 나의 팔이 배 쪽 미주신경 에너지를 제공하기 위해 당신에게 다가가고 있다고 상상해 보라. 그것을 받아들일 수 있는지 확인하고 가능하다면 받아들여 보라.

이제 스스로 시도해 보라. 배 쪽 미주신경에 닻을 내리고, 자신의 신경계가 균형을 이루는 방식을 느껴 보라. 자신의 배 쪽 미주신경 에너지를 다른 사람에게 제공할 수 있는 방법을 찾아보라. 팔을 내미는 동작이 내게 도움이 되었듯이 다양한 동작을 시도해 보고 자신의 신경계에 맞는 것을 찾아라. 실험하면서 나타나는 움직임을 살펴보라. 만약 자신만의 동작을 찾았다면 자신의 에너지를 누군가에게 확장하기 위해 그것을 사용해 보라. 에너지를 주기 위해 움직일 때 어떤 일이 일어나는지 느껴 보고, 초대받은 사람들에게 어떤 일이 일어날지 상상해 보라. 그런 다음 함께 실험할 사람을 찾아보라. 비대면 또는 대면으로 작업할 수 있다. 누군가와 함께 있음이 어떤 느낌인지 살펴보고 그들을 자신의 배 쪽 미주신경 에너지로 끌어안아라. 상대방에게 어떻게 느껴지는지 물어보라. 움직임을 변화시키며 작업해 보고 경험의 양극단에서 무슨 일이 일어나는지 살펴보라. 상호조절의 느낌을 주는 연결 방법을 찾아보라.

실습: 동심원 색칠하기

자율신경계의 세 가지 원을 대표하는 색깔부터 상상해 보자. 뇌가 휴식을 취하게 하고, 인지적인 선택을 하기보다 자율신경계가 안내자가 되게 하라. 중심에 있는 등 쪽 미주신경 원의 색을 찾아보라. 그런 다음 주변 교감신경 원의 색을 추가한다. 마지막으로 다른 사람들을 안전한 원 안에 포용하는 바깥쪽 배 쪽 미주신경의 색을 찾아보라.

각각의 원과 함께할 손동작을 찾아보라. 나는 종종 두 손을 꼭 쥐어 붙임으로써 등 쪽 미주신경을 상상하고, 손가락을 넓게 벌려서 교감신경을 표현하며, 다른 두 가지 상태를 배 쪽 미주신경에 담기 위해 양손을 넓게 벌린다. 손동작을 따라 자신의 신경계 상태를 유지하기 위한 다양한 방법을 찾아보라. 빛으로 이루어진 세 가지 다른 크기의 공, 세 개의 에너지 흐름을 상상할 수도 있다. 잠시 시간을 내어 자신의 신경계 상태를 유지할 수 있는 다양한 방법을 실험해 보라.

다음 단계로 신경계 상태가 관계 맺는 방식을 알아보자. 이를 위해 앞서 정한 기본 색상에 음영과 다른 색을 서로 섞어 볼 것이다. 배 쪽 미주신경 상태에서 시작해 색깔이 어떻게 자신의 원을 채우는지 살펴보라. 이 원을 구성하는 다양한 색이 있거나 한 가지 색에도 다양한 음영이 있을 수 있다. 자신의 배 쪽 미주신경계 색이 안전과 연결에 닻을 내리고 있는 특징을 어떻게 표현하는지 살펴보라. 이 에너지가 어떻게 세상을 안전하게 살아가는 법을 만들어 내는지 느끼면서 색이 변하는 것을 지켜보라.

이제 배 쪽 미주신경의 원에 교감신경의 음영과 색을 추가한다. 두 원의 색이 서로 어떻게 대비되는지 살펴보라. 배 쪽 미주신경계와 교감신경계 사이의 연결을 느껴 보라. 교감신경계가 에너지를 더하고 배 쪽 미주신경계가 그것을 조절하는 방식을 느껴 보라. 색이 어떻게 혼합되고 분리되는지 살펴보라. 이어서 등 쪽 미주신경의 음영과 색을 추가한다. 이 신경계 상태의 느리고 일정한 에너지를 나타내는 것은 무엇인가? 등 쪽 미주신경의 색과 다른 두 가지 원의 색 사이의 유사점과 차이점을 알아보라.

끝으로 신경계 상태 사이를 이동하기 위해 하나의 원에서 다른 원으로 움직여 보라. 하나의 원에서 다른 원으로 이동할 때 각각의 원이 환하게 밝아지는 것을 지켜보라. 각각의 원은 저만의 색깔 팔레트를 가지고 있으며 당신의 웰빙에 이로움을 가져다준다. 세 개의 원이 모두 함께 밝아지는 것을 바라보면서 실습을 마무리한다.

배 쪽 미주신경의 원이 다른 두 개의 원을 적극적으로 감싸 안을 때 우리는 신체적·심리적 웰빙과 조절하는 신경계에서 나타나는 특성들을 경험할 수 있다. 신체적 건강상의 이로움 중에는 심장질환 감소, 혈압 조절, 건강한 면역 체계, 염증 감소, 소화력 증진 등이 포함된다. 정신 건강상의 이로움으로는 스트레스 감소, 우울과 불안 감소, 자기자비와 자비심의 증진 등이 있다. 자신의 원들이 서로 관계 맺고 있음을 살펴보고 웰빙 상태에 따라오는 결과에 흠뻑 빠져 보라. [1]

배 쪽 미주신경의 특징

—

우리는 종종 배 쪽 미주신경 상태가 고요하거나 행복한 특징이 있다고 생각하지만 실제로는 아주 다양한 경험을 불러온다. 배 쪽 미주신경 상태에 닻을 내리면 고요함과 행복은 물론 흥미진진하고, 기쁨이 충만하고, 깨어 있고, 참여하고, 열정적이고, 호기심 많고, 자비심 넘치고, 민첩하고, 집중할 수 있다. 배 쪽 미주신경에는 다양한 특징이 존재하지만 공통적인 요소는 이 상태 기저에 있는 안전에 대한 신경지이다. 잠시 시간을 내어 자신의 배 쪽 미주신경 경험을 묘사하는 단어가 무엇인지 살펴보라.

실습: 배 쪽 미주신경의 연속선

연속선은 개인적인 배 쪽 미주신경의 특징을 알아내기 위한 간편한 방법이다. 연속선을 사용하면 배 쪽 미주신경 상태에 첫발을 떼는 것과 경험에 완전히 몰입하는 것 사이에서 일어나는 점진적인 변화를 그려 볼 수 있다. 연속선을 만들기 위해 먼저 자신의 배 쪽 미주신경계와 연결해 보라. 몸에서 그것을 찾아보거나, 풍경을 가져오거나, 배 쪽 미주신경의 원과 다시 연결해 보라. 배 쪽 미주신경 에너지가 처음으로 움직이기 시작하는 순간을 느껴 보라. 지금 이 순간을 무엇이라고 이름 붙일 것인가? 연속선에 이 공간을 무엇이라고 이름 붙일 것인가? 예를 들어 편안함, 부드러움, 이완, 도착, 현존 등으로 부를 수 있다. 신경계에 귀 기울이면서 이 순간에 어울리는 이름을 찾아보라.

이제 연속선의 다른 쪽 끝, 즉 배 쪽 미주신경 에너지의 풍요로움에 온전히 몰입하는 공간을 상상해 본다. 이곳의 이름은 무엇인가? 풍요로움, 살아 있음, 혼연일체의 느낌, 열정 등이 될 수 있다. 귀 기울여 자신의 신경계가 이 공간에 대해 하는 말을 들어 보라.

배 쪽 미주신경계에 들어가 온전히 몰입된 경험에 이름을 지었다면, 다음으로 연속선을 따라 이동하면서 사이 공간에 있는 배 쪽 미주신경의 안전함의 특징을 찾아보자. 연속선을 직선으로 간주하고 한쪽 끝에서 다른 쪽 끝으로 이동하거나 배 쪽 미주신경의 원 주변을 이동하는 모습을 상상할 수 있다. 혹은 연속선이 완전히 새로운 모습으로 나타날 수도 있다. 자신의 경험을 나타내는 모양을 찾을 때까지 실험해 보라. 종이에 모양을 그리고, 그곳에 들어가고 몰입하기 위해 이름을 붙여 보라. 자신의 연속선 주위를 천천히 이동하면서 그것의 특징을 느끼기 위해 멈추어 보라. 당신이 발견한 배 쪽 미주신경 각각의 경험에 이름을 붙이고 그것을 자신의 연속선에 더해 보라.

한쪽 끝에서 다른 쪽 끝으로 이동하면서 연속선의 양쪽으로 천천히 옮겨 다녀 본다. 가능한 한 다양한 경험을 느껴 보고, 조절의 에너지 안에서 첫발을 떼는 것과 안전에 온전히 닻을 내리고 있는 것 사이에서 일어나는 변화를 느껴 보라. 배 쪽 미주신경의 세부적인 특징이 살아나는 방식을 느끼기 위해 각각의 지점에서 잠시 멈추어 보라.

연속선을 사용하는 법은 여러 가지가 있다. 정기적으로 자신의 연속선으로 돌아가서 배 쪽 미주신경의 상태와 깊이 연결하기 위해 한쪽 끝에서 다른 쪽 끝으로 옮겨 가 보라. 보호 상태로 끌려간다고 느끼거나 안전과 조절로 가는 길을 찾을 필요가 있을 때마다 연속선의 시작 지점으로 가 배 쪽 미주신경의 안전과 조절로 가는 길을 찾아보라.

연속선은 배 쪽 미주신경계를 알아 감에 따라 진화하는 안전과 조절에 대한 지도와 같다. 시간이 지나면서 이름 붙이길 원하는 공간이나 바꾸고 싶은 이름을 더 많이 찾게 될 것이다. 간단한 선을 긋고 단어를 추가하든 예술적 표현을 하든, 연속선은 당신의 연결 경로를 강화하는 데 도움을 주는 자원이 된다.

빛나는 순간들

—

안전과 연결에 닻을 내리고 세상을 살아가기까지 긴 시간이 걸리기도 하지만, 찰나의 순간에 배 쪽 미주신경 에너지의 불꽃을 느낄 때도 있다. 나는 이것을 빛나는 순간(Glimmers)이라고 부른다. 빛나는 순간은 주위 모든 곳에 있지만 보호 상태에서는 이를 발견하기가 매우 어렵다. 안전과 연결에 닻을 내리고 있을 때조차 우리가 그것을 지켜보고 있지 않으면 빛나는 순간들을 놓칠 수 있다.

인간에게는 부정 편향이 내재되어 있다. 우리는 생존을 위해 긍정적 경험보다 동일한 강도의 부정적 경험에 더 강렬히 반응하게 하는 신경 회로를 가지고 있다. 따라서 우리는 안전과 연결이라는 빛나는 순간, 이런 찰나의 순간을 능동적으로 찾고 거기에 주의를 기울이고 놓치지 않아야 한다. 그러지 않으면 자기도 모르는 사이에 그것들을 쉽게 지나칠 수 있다. 빛나는 순간을 자각하면 그런 순간들이 더해진다. 점점 더 많은 배 쪽 미주신경 에너지를 느끼고 거기에 닻을 내리는 역량이 자라난다. 빛나는 순간은 우리가 안전과 연결의 나선형 상승곡선을 여행하도록 도와주며 우리의 조절 능력을 탄탄하게 다져준다.[2]

빛나는 순간을 찾는 일은 괴로움을 경험하지 않음을 의미하지 않는다. 그렇다기보다 신경계가 안전과 생존을 위한 순간 모두를 견딜 수 있음을 인정하는 것이다. 고통스러운 순간에는 이 사실을 잊기 쉽다. 하지만 빛나는 순간을 알아차리려는 의도를 가질 때 이런 순간들에 대한 신경계의 반응을 느낄 수 있다. 잠시 멈춰서 주위를 둘러보라. 당신이 알아차리기를 기다리고 있는 빛나는 순간이 있는가?

실습: 빛나는 순간 찾기

어제 나는 홍관조를 발견하고 이를 지켜보기 위해 잠시 멈추었다. 그리고 그날 늦게 창문을 통해 들어오는 신선한 풀 내음을 맡았다. 어제의 이 빛나는 순간은 오늘 내가 삶의 여정에서 발견할 것에 대한 호기심을 불러일으킨다. 이런 것이 우리가 흔히 경험하는 빛나는 순간이다. 일단 한번 빛나는 순간을 보기 시작하면 더 많은 것을 찾게 되고, 그런 순간이 흔치 않은 경험이 아님을 발견하게 된다. 열린 마음으로 찾으면 일상에서 자주 빛나는 순간들을 접하게 된다.

● **연결하기**

빛나는 순간과 연결되어 있는지 어떻게 알 수 있을까? 몸 안에서 그것을 경험할 수도 있다. 내가 빛나는 순간을 인식하는 방법 중 하나는 눈 주위가 부드러워지는 느낌과 함께 시작되는 미소이다. 생각이 당신의 주의를 끌 수도 있고, 냄새·맛·광경·소리·어떤 것의 감촉 등 감각을 통해 빛나는 순간을 알아차릴 수도 있다. 잠시 시간을 내어 당신이 마주쳤던 빛나는 순간을 어떻게 알 수 있는지 주의를 기울여 보라.

빛나는 순간은 자신의 세계에서 예측 가능하게 현존하는 찰나의 순간일 수 있다. 내게 이것은 마치 이른 아침에 일어나 새벽하늘의 별을 보는 일과 같다. 나는 아침형 인간이라서 아침 일찍 일어나 밖으로 나가 별 아래 서서 단지 그 순간을 만끽하기 위해 하늘을 올려다볼 때가 많다. 당신이 연결할 수 있는 예측 가능하게 현존하는 빛나는 순간이 있는가? 빛나는 순간은 삶의 여정에 나타나는 예상치 못한 순간일 수도 있다. 배 쪽 미주신경 에너지의 불꽃이 느껴지는 순간, 잠시 멈춰 서서 그것을 알아차리고 받아들여 보라.

● 의도 세우기

의도 세우기는 빛나는 순간을 찾는 데 유용한 방법이다. 나의 의도는 오늘 하루 동안 내가 발견해 주기를 기다리고 있는 빛나는 순간을 찾는 것이다. 내 지인 중에는 일주일 중 하루에 하나씩 빛나는 순간을 찾으려는 의도를 세운 친구가 있고, 하루를 시작하며 빛나는 순간을 찾으려고 의도를 세운 친구도 있다. 잠시 시간을 갖고 자신만의 빛나는 순간을 찾으려는 의도를 세워 보라. 의도를 적은 다음 혼자서 큰 소리로 읽어 보라. 자신의 의도가 실행 가능하다고 느껴지는가? 배 쪽 미주신경의 감각에 닻을 내리고 있다고 느껴지는 의도를 세워 보라. 의도가 당신의 흥미를 끌기에 너무 작거나, 성공적으로 사용하기에 너무 크다고 느껴질 수 있다. 신경계가 '예'라고 대답하기에 알맞은 의도를 찾을 때까지 계속 시도해 보라.

빛나는 순간을 찾으려는 의도를 세울 때 우리는 종종 자신이 발견한 것에 놀라곤 한다. 우리가 일상 활동을 하는 주변 어디에나 빛나는 순간이 있다. 그것들은 연결의 풍요로운 순간을 가져오는 배 쪽 미주신경 에너지의 물방울이다. 우리의 과제는 그것이 일어날 때 알아차리는 것이다. 삶에서 빛나는 순간이 나타나는 여러 장소와 다양한 방식을 살펴보려면 빛나는 순간을 기록하는 것이 도움이 된다. 어디서 빛나는 순간을 발견할 수 있는지 알게 되면, 그곳으로 가 그것들이 제공하는 배 쪽 미주신경 에너지를 경험하는 연습을 할 수 있다. 노트에 빛나는 순간을 적어 보라.

● 찰나의 순간

때때로 배 쪽 미주신경 에너지의 미세한 순간보다 빛나는 순간을 찾는 일이 위험하다고 느껴질 수 있다. 내 친구 중 한 명은 빛나는 순간의 경험을 파도 끝자락에 모래성을 쌓고 그것이 쓸려 내려가는 장면에 비유했다. 빛나는 순간의 찰나적 본성이 슬픔을 느끼게 한 것이다. 만약 빛나는 순간을 찾고 그것을 바라볼 때 이와 같은 경험을 한다면 예상 가능한 빛나는 순간, 즉 자신의 삶에 언제든지 나타나리라 기대할 수 있는 무언가를 찾는 일부터 시작하라. 내 친구는 자연에 대한 사랑과 매일 하는 산책에서 정기적으로 빛나는 순간을 알아차릴 수 있었고, 이를 예측 가능하고 삶을 풍요롭게 하는 일상의 일부로 만들었다. 평범한 산책길에서조차 빛나는 순간이 나타났다 사라짐을 기대할 수 있었기에 그녀는 예상치 못하게 찾아오는 빛나는 순간에 마음을 열 수 있었다.

일상에서 안전감 경험하기

—

빛나는 순간과 더불어 일상적인 경험은 배 쪽 미주신경의 안전함에 닻을 내리는 기회를 제공한다. 대개 우리가 하는 단순한 행위, 직관적으로 끌리는 것, 그리고 우리를 인도하는 신경계는 자각 없이 우리를 위해 조절한다. 여기에 관여하는 것이 배 쪽 미주신경 상태에 생동감을 불어넣는 일이라면, 멈춰 서서 그 순간을 알아차리고 자각하고 의식적으로 음미하는 행위는 우리의 경험을 깊어지게 하고 미주신경 상태를 튼튼하게 만든다. 배 쪽 미주신경에 이르는 쉬운 방법을 찾을 때 우리는 이런 평범한 경험의 힘을 활용할 수 있다.

전 세계 사람들과 대화를 나누다 보면 어떤 옷을 입느냐가 배 쪽 미주신경 에너지로 자신을 감싸는 일반적인 방법처럼 보인다. 좋아하는 셔츠, 스웨터, 바지, 신발을 착용할 때 사람들은 배 쪽 미주신경의 안전함, 따뜻함, 연결감을 느낀다. 나도 즐겨 입는 스웨터가 있다. 그 옷은 나에게 자신감을 가져다주며, 동시에 그 옷을 입고 배 쪽 미주신경의 조절에 둘러싸여 있는 느낌을 받았던 때의 기억으로부터 편안함을 느낀다. 당신도 즉각적으로 안전함과 편안함을 느끼고 세상과 만날 준비가 된 듯한 기분이 들게 하는 그런 옷이 있는가?

배 쪽 미주신경 상태에 닻을 내리고 있다고 느끼는 또 다른 방법은 후각을 이용하는 것이다. 냄새는 자율신경계에 영향을 미치며 친숙하고 유쾌한 냄새를 맡는 일은 조절의 에너지에 닻을 내리는 한 가지 방법이다. 나는 바다 내음과 소나무 향을 좋아한다. 이 냄새들은 나에게 편안함을 준다. 가끔은 향초를 켜고 조절을 위한 방법을 찾기도 한다. 당신의 후각적 경험을 생각해 보라. 당신을 배 쪽 미주신경의 편안함으로 이끄는 향기는 무엇이며, 어떻게 그것을 자신의 환경 속으로 가져올 수 있는가?

세상에는 배 쪽 미주신경 상태에 생동감을 부여하고 이를 탐색하거나 거기에 머물도록 이끄는 특별한 장소가 있다. 특정한 환경에서 우리는 배 쪽 미주신경 에너지와 쉽게 연결된다. 나는 '지구의 끝'이라고 부르는 장소에서 이런 느낌을 받는다. 나는 육지와 바다가 만나는 가장 먼 지점, 야생의 고립된 장소를 좋아한다. 내 친구 중에는 번화한 도시에서 이런 느낌을 받는 친구가 있는가 하면 산이 보이는 풍경을 좋아하는 친구도 있다. 우리는 각자 편안하고 체화된 감각을 느끼는 곳, 안전함에 깊숙이 닻을 내리고 있다고 느끼는 장소를 가지고 있다. 당신의 자율신경계가 편안하게 느끼는 환경은 무엇인가? 당신의 세계에서 그 경험을 살아 있도록 하는 장소는 어디인가?

우리를 끌어당기는 더 큰 환경 외에도 배 쪽 미주신경의 연결을 찾을 수 있는 개인적인 공간이 있다. 나의 경우 집 안에 앉아 있으면 만족감을 느끼는 장소가 있다. 어떤 친구는 동네 커피숍에 가장 좋아하는 장소가 있다고 말했고, 또 다른 친구는 특별한 나무 아래에 있는 자기만의 공간을 알려 주었다. 생활환경을 둘러보고 자신만의 개인적인 연결 장소를 찾아보라.

한편 우리가 배 쪽 미주신경의 연결로 되돌아가고 거기에 닻을 내릴 수 있음을 확실하게 상기시켜 주는 물건이 있다. 내가 가장 좋아하는 물건 중 하나는 해변의 조약돌이다. 나는 어렸을 때 반지 모양의 돌이 행운의 돌이라고 배웠다. 어른이 되어서도 정기적으로 집 근처 해변에서 행운의 돌을 주웠다. 간혹 이보다 더 찾기 힘든 하트 모양의 돌을 발견할 때면 그 순간을 아주 소중하게 여긴다. 나는 해변을 산책하면서 모은 행운의 돌과 하트 모양의 돌을 담은 항아리를 가지고 있다. 확실하게 조절을 상기시켜 주는 이 항아리를 나는 매일 보는 부엌 창틀에 올려 두었다. 때때로 조절과 더 강하게 연결되고 싶을 때는 항아리에서 돌을 꺼내 가지고 다닌다. 잠시 시간을 내어 조절에 닻을 내린 느낌을 떠올리게 하는 물건을 찾아보라. 그런 다음 그것을 일상생활 중 눈에 잘 띄는 곳에 놓아두어라.

배 쪽 미주신경 상태에 생동감을 부여하고 안전감에 닻을 내리고 있다고 느끼게 하는 몇 가지 요소에 대한 새로운 알아차림을 가지고서, 이제 이런 지각을 행동으로 옮기는 방법을 생각해 보자. 당신은 가장 좋아하는 스웨터나 티셔츠를 손에 들고, 주변에 향기를 뿌리고, 자신의 신경계를 풍요롭게 만드는 장소에 머물며 그 순간을 음미할 수 있다. 배 쪽 미주신경의 연결을 떠올리게 하는 물건을 주변에 배치하거나 자신을 그곳으로 안내하는 특별한 무언가를 골라 보라. 잠시 시간을 내어 자신만의 계획을 만들어 보라.

실습: SAFE

남들처럼 나도 줄임말 만드는 것을 좋아한다. 이는 연습 요소들을 기억하기 쉽게 도와준다. 나는 안전에 닻을 내리는 방법을 개발하던 중 이야기(Story)·행동(Action)·느낌(Feeling)·체화된 감각(Embodied Sensation)이라는 네 가지 요소로 'SAFE'라는 약자를 만들었고, 각각의 요소는 SAFE 이야기를 만드는 과정의 한 단계가 되었다. 이어지는 안내에 따라 자신만의 SAFE 이야기를 작성하고 각자 자신만의 요소를 읽어 보라.

● **조절에 닻 내리기**

이 과정을 시작하기 전에 자신만의 조절 방법을 찾아보고 그곳에 닻을 내린 채 잠시 머물러 보라. 원 이미지를 사용해서 다른 미주신경 상태를 둘러싸고 있는 바깥쪽의 배 쪽 미주신경 원이 밝아지는 것을 볼 수도 있을 것이다. 배 쪽 미주신경 상태가 활성화되는 신체 부위와 연결하거나 조금 전에 발견한 일상적인 안전의 요소 중 하나를 사용할 수도 있다.

● **이야기(Story)**

SAFE 실습을 위해 당신이 다시 읽고 다시 쓰고 싶은 안전함의 특징을 간직한 이야기를 선택한다. 자신에게 중요한 부분과 함께 그것에 생동감을 불어넣어라. 안전에 관한 어떤 이야기는 추억 속에 간직되어 있고 다른 어떤 이야기는 현재의 경험 속에서 일어난다. 안전에 대한 더 큰 이야기로 확장하고 탐색하고 싶은 순간을 선택하라. 그 순간에 대해 적어 보라. 자신에게 의미 있는 세부 사항을 묘사해 보라.

나의 이야기 최근에 나는 노화와 관련된 고민이 있다. 이것 때문에 걱정이나 슬픔에 쉽게 빠진다는 사실을 알았고, 안전함에 닻을 내리고 있음을 느낄 만한 방법이 필요했다. 나의 이야기는 어린 시절 우리 집 뒷마당에 있던 나무에 올랐던 기억에서 나왔다. 그 나무줄기에는 판자가 박혀 있어서 쉽게 오를 수 있었다. 어린 시절 나는 이 나무에서 많은 추억을 쌓았고, 이제 나무와 함께 나이 들어가고 있음을 생각한다. 시간이 흐르면서 뒤틀린 나뭇가지는 나무가 어떻게 살아왔는지를 보여 준다. 저마다의 방식으로 뒤틀린 내 팔다리는 생존에 관한 나의 이야기를 말해 준다.

● **행동(Action)**

행동의 요소로 이동해 이야기에서 무슨 일이 일어나는지 살펴보라. 여기서 당신이 기억해야 할 중요한 것을 적어 보라.

나의 이야기 밝은 태양 빛을 피할 곳을 찾아서 나무 그늘 아래 서 있는 나를 상상한다. 그런 다음 튼튼한 나무 몸통에 등을 기대고 앉아 있는 나를 상상한다. 나무 위로 높이 올라가 세상을 즐겁게 바라보던 그 모든 시간을 나는 기억한다.

● **느낌(Feeling)**

자신의 느낌을 살펴보라. 안전에 관한 이야기가 신경계 안에 살아 있을 때 그와 함께 따라오는 느낌은 무엇인가? 당신이 이야기에서 일어난 일에 대해 기억하고 있는 느낌과 지금 이야기를 적으면서 떠오르는 느낌에 대해 적어 보라.

나의 이야기 나는 나무를 오를 수 있었던 어린 시절의 기쁨과 나무 위에 올랐을 때 느꼈던 자유로움을 기억한다. 더는 어릴 때처럼 나무에 오를 수 없다는 사실이 조금은 슬프게 느껴지지만, 여전히 나는 삶에서 자유로움과 기쁨을 느낀다. 그리고 나무뿌리와 그 뿌리들이 나무의 건강과 성장을 지지하는 방식을 생각하면서 내 삶에 깊이 뿌리내리고 있는 안전감을 느낀다. 나는 자유롭고, 뿌리내리고 있으며, 스스로 이것에 만족하고 있음을 발견한다.

● **체화된 감각(Embodied Sensation)**

체화된 감각으로 마무리해 보자. 당신의 몸에서 안전에 관한 이 이야기는 어떻게 느껴지는가? 당신이 기억하는 감각들을 적어 보고, 이야기를 다시 불러온 것이 지금 당신의 몸에서 어떻게 느껴지는지 적어 보라.

나의 이야기 내 몸은 나무를 오를 때의 흥미진진함과 손발에서 느껴지던 에너지를 기억한다. 지금도 똑같은 흥미진진함이 몸 안에 흐르고 있음을 느낀다. 나는 나무와의 연결을 떠올리면서, 나무에 오를 때면 하늘 높이 치솟고 나무뿌리의 강인한 힘을 느낄 때면 대지로 내려앉는 내 안의 에너지를 느낀다.

자신의 이야기를 다 적었다면 거기에 제목을 붙이고 다시 읽어 보라. 그리고 어떻게 하면 안전에 관한 자신의 이야기에 닻을 내릴 수 있는지 느껴 보라. 시간을 두고 몇 가지 SAFE 이야기를 더 적어 보라. 많은 사람이 SAFE 이야기를 쓰는 것이 안전의 순간을 다시 떠올리고 그 경험을 현재로 되살리는 데 도움이 된다고 말한다. 배 쪽 미주신경의 안전과 조절에 연결되는 이런 방식이 당신에게 잘 맞는지 살펴보라.

알아차리고 축하하기

—

더 자주 더 쉽게 배 쪽 미주신경의 안전으로 가는 길을 찾을수록 우리는 그곳에 머물고, 그 경험에 몰입하고, 조절의 에너지에 닻을 내린 신경계가 가져다주는 신체적·심리적 이로움을 더 많이 누리고자 한다. 자율신경계가 배 쪽 미주신경의 공간에서 빠져나와 다시 돌아갈 방법을 찾지 못하면 우리는 우울, 불안, 소화기 문제, 호흡기 문제, 만성피로, 사회적 고립, 외로움 등으로 고통받는다.[3] 배 쪽 미주신경 상태로 유연하게 돌아갈 수 있는 신경계가 주는 이로움은 주관적인 웰빙, 사회성 증가, 자기자비 능력, 다른 사람들에 대한 자비심 등이다.

우리는 스스로 그리고 다른 사람들과 함께 배 쪽 미주신경 공간에 닻을 내리는 방법을 찾는다. 그곳에 어떻게 도달하든지 간에 돌아가는 길을 알아차리고 그 과정에 감사하는 일이 중요하다. 감사는 다양한 형태를 띨 수 있다. 조용히 감사를 표현하거나, 음미할 기회를 갖거나, 그 순간에 간단히 감사하는 마음을 낼 수 있다. 때로는 그 순간을 에너지 넘치는 방식으로 기념하고 싶을 때도 있다. 알아차리고 감사하는 방식에 정답은 없다. 이 과정의 핵심은 우리가 배 쪽 미주신경 상태로 되돌아가는 길을 찾고 있음을 자각하고, 그 순간 옳다고 느껴지는 방식으로 되돌아오는 일을 인정하는 것이다.

한 친구가 그런 경험을 내게 들려주었다. 그녀는 편안함에서 멀리 떨어진 공간을 등 쪽 미주신경의 죽음의 공간이라고 불렀다. 그녀는 죽음의 공간으로 갔다가 다시 배 쪽 미주신경의 안전으로 되돌아가는 길을 찾는 경험에 이미 익숙했다. 그럼에도 배 쪽 미주신경의 안전으로 되돌아가는 자신의 능력을 인식하는 법과 그 경험을 간직할 수 있는 법을 찾고 싶어 했다. 우리는 조절에 닻을 내린 상태로 돌아가는 것을 인식할 때 얻을 수 있는 이로움과 그렇게 하기 위한 몇 가지 방법에 관해 이야기했다. 그녀가 나와 공유한 내용은 다음과 같다.

나는 몸에서, 다시 삶으로 돌아오기 시작했음을 알리는 에너지의 움직임을 느꼈고 그것과 마주했다. 다음에 나는 약간의 희망이 돌아오는 것을 느꼈고, 그것이 배 쪽 미주신경으로 되돌아가는 잘 정돈된 길을 열어 주어서 다시 살아 있음을 느꼈다. 나는 이 경험을 존중하고 깊이 있게 하는 법을 실험하면서 거기에 잘 머물 수 있었다. 하지만 곧 안전과 조절로 가는 길을 찾은 것에 대한 감사의 느낌이 충분하지 않음을 알았다. 신경계가 살아나기 위해서는 더 적극적인 축하가 필요했다. 크고 열정적인 목소리로 "도착했어! 나 여기에 있어!"라고 말하면서 축하하는 행위가 온전히 살아 있음을 느끼고 안정감을 되찾는 데 도움이 되었다. 나는 큰 소리로 축하함으로써 신경계를 적극적으로 인식하는 일이 경험의 중요한 부분이라는 사실을 깨달았다. 큰 소리로 축하할 때 안전에 닻을 내리고 머무는 내 능력은 강화된다.

축하하는 일이 당신에게 어떤 울림이 있는지 살펴보라. 보호 상태로 끌려갔다가 배 쪽 미주신경의 안전으로 되돌아가는 길을 찾은 후 조절로 되돌아감을 축하한다고 상상해 보라. 적당한 문구를 써 보라. 당신의 신경계가 이런 종류의 인정을 원하지 않을 수도 있다. 아니면 내 친구처럼 당신도 이런 행동을 통해 배 쪽 미주신경의 안전함으로 더 쉽게 돌아오고 그곳에 닻을 내리는 데 도움을 얻을 수 있다.

한편으로 우리는 다른 사람들과의 연결 안에서 더 조용히 경험을 인식힘으로씨 안전으로 되돌이가는 길을 찾기도 한다. 우리는 자원을 동원하거나 작동 중지 상태가 되는 경험을 줄이고, 안전에 닻을 내리고 머무는 역량을 강화하는 상호조절의 순간을 사용할 수 있다. 내 친구 중 한 명은 교감신경의 도피 반응에 끌려가 갇혀 버리곤 했다. 그런 경험이 그녀를 주변 사람들과의 연결에서 멀어지게 했다. 그녀는 교감신경이 자원을 동원하는 상태가 되면 모든 사람이 자신을 반대하는 것처럼 느꼈고, 유일한 선택지는 도망치는 것뿐이라고 느꼈다. 다음은 그녀가 친구와 연결되어 안전에 닻을 내리고 그곳에 머무는 능력을 되찾게 된 이야기이다.

좋은 친구와 함께 있을 때조차 교감신경이 자원을 동원하는 상태로 끌려가 벗어나고 싶은 욕구를 느끼곤 했다. 나중에 그 일을 되돌아보니, 비록 나는 생존 모드에 빠져 있었지만 친구는 나의 편이 되어 주기를 결코 멈추지 않았음을 알 수 있었다. 친구는 항상 내 편이었지만 당시에 나는 그것을 볼 수 없었다. 생명 활동이 내가 그것을 감지하거나 믿지 못하게 만들었다. 나는 친구에게 안전에 닻을 내리고자 할 때 큰 소리로 읽거나 혼잣말을 할 수 있는 문장, 도망치려는 욕구가 느껴지기 시작할 때 사용할 수 있는 또 다른 문장을 만들 수 있게 도와 달라고 부탁했다. 안전에 닻을 내린 나의 문장은 "나는 여기에 있어. 그리고 다른 사람들과 함께하는 기쁨을 누릴 수 있어"였다. 그리고 처음 도피 반응으로 끌려가기 시작할 때의 문장은 "만약 내가 위험으로부터 도망쳐야 한다면 나와 함께 가 줄 친구가 있어"였다. 나는 이 두 가지 간단한 문장을 몇 주 동안 활용하면서 도망치려는 강렬한 욕구를 덜 느끼게 되었고, 안전에 닻을 내리고 더 잘 머물 수 있게 되었다.

배 쪽 미주신경의 안전함으로 돌아감을 알아차리고 그곳에 닻을 내리는 이런 방법이 당신에게 어떤 울림을 주는지 살펴보라. 상호조절의 자원으로 사용하길 원하는 인물에 대해서도 생각해 보라. 안전에 닻을 내리기 위해 어떤 문장을 적을 수 있는가? 당신의 신경계는 이를 유용하게 사용할 수도 있고 상호조절이 자신이 선호하는 경로가 아님을 발견할 수도 있다.

음미하기

—

음미하기 연습은 안전과 조절의 순간, 즉 찰나의 순간을 최대한 활용할 수 있게 도와준다. 음미하기는 일상의 삶에서 작은 것들을 보고 축하하는 일이다. 순간적인 경험을 인식할 때, 순간을 기억하고 회상할 때, 그리고 다가오는 경험을 기대할 때 우리는 음미한다. 이런 순간을 자각하고 잠깐이라도 관심을 기울이면, 배 쪽 미주신경의 안전에 닻을 내릴 때와 마찬가지로 즉각적인 효과와 신체적·심리적 웰빙을 증진하는 장기적인 효과를 누릴 수 있다. 면역 체계가 강화되고, 창의력이 향상되고, 삶의 만족도가 높아지고, 회복탄력성이 증가하며, 우울증 위험이 감소한다. 특별한 순간보다 음미하는 찰나의 순간을 서서히 쌓아 가는 것이 중요하다. 음미하기 연습을 통해 그런 순간들이 쌓여서 연결을 향한 신경계를 만든다.[4]

실습: 주의, 감사, 확장

자율신경계는 안전과 조절로 되돌아가는 법을 선천적으로 알고 있으며, 우리는 각자 그 경험을 깊이 있게 하는 자신만의 방법을 발달시킨다. 배 쪽 미주신경 상태와 연결되어 그곳에 닻을 내리는 방법 중 하나는 음미하기이다. 음미할 때 우리는 배 쪽 미주신경의 경험에 주의를 기울이고, 그것에 감사하고, 그것을 확장한다. 음미하기는 하루 중 언제라도 쉽게 실천할 수 있는

20~30초 정도의 간단한 3단계 연습이다.

1 먼저 주의를 기울인다. 배 쪽 미주신경에 의식을 가져와서
   그것을 알아차리기 위해 잠시 멈춘다.
2 다음으로 그 순간에 감사하며 의식적으로 머문다.
3 마지막으로 확장한다. 20~30초 동안 집중된 의식 안에서
   그 순간을 지켜본다. 그 순간의 충만함을 느껴 본다.

음미하기는 20~30초 정도의 짧은 연습이며 하루 중 여러 번 실천할 수 있다. 이렇게 실험해 보자. 배 쪽 미주신경계의 에너지와 연결되어 있다고 느꼈던 순간을 떠올려 보라. 단지 그 경험과 함께한다. 당신의 몸이 배 쪽 미주신경의 에너지를 가져다주는 방법과 그 경험이 삶으로 다가오는 방식을 느껴 보라. 거기서 약 20초 정도를 보낸 후 현재 순간으로 되돌아온다.

　20초 동안 자신의 경험을 음미하는 게 쉬울 수 있다. 그렇다면 감사의 시간을 30초까지 늘려 보라. 반대로 어렵다고 느껴지거나 생각의 방해로 음미하기를 멈추게 될 수도 있는데, 이른바 감쇠 경험(Dampening Experience)을 겪기도 한다. 자신은 이런 감정을 느낄 자격이 없다거나, 기분이 좋아지는 것은 위험하다거나, 그 순간에 멈추고 감사하면 무언가 나쁜 일이 일어날 것 같은 생각이 들 수 있다. 이는 주의를 기울이고 감사하는 방법을 탐색할 때 흔히 하는 경험이다. 이럴 때는 5~10초 정도로 천

천히 시작해서 20~30초 정도로 점차 시간을 늘려 보라. 주의를 기울이고, 감사하고, 확장하는 능력을 지지하는 시간을 찾아보라. 연습이 깊어지는 경험에서 약화되는 경험으로 옮겨갈 때마다 멈춘다. 온화하게 인내심을 갖고 지속해 보라. 시간이 지남에 따라 음미하는 능력이 향상될 것이다.

나누면서 다시 음미하기

—

우리는 누군가와 경험을 나누기 위해 경험에 언어를 더하면서 다시 음미한다. 우리 신경계는 연결을 갈망하고 누군가와 이야기를 나누면 경험이 더욱 깊어진다는 사실을 기억하라. 열린 가슴으로 당신의 이야기에 귀 기울일 준비가 된 사람을 찾아보라. 다시 말하기(Retelling)를 통해 당신이 음미한 경험이 생생하게 되살아나고, 그 순간 함께 이야기 나누는 사람 역시 배 쪽 미주신경에서 영감을 받고 있는 것처럼 느낄 것이다.

안전에 닻을 내리는 방법을 탐색한 이번 장을 마무리하면서 루미의 시 한 구절을 들려주고 싶다. "당신의 마음속에는 밝게 타오를 준비가 된 촛불이 있다." 나는 배 쪽 미주신경 상태와 그것이 가져다주는 살아 있는 에너지를 우리 안에 항상 켜져 있는 촛불이라고 생각한다. 이것을 소중히 다루고 잘 키워 나가면 더욱 밝고 따뜻하게 타오르면서 우리에게 건강과 성장과 회복을 가져다줄 것이다.

"배 쪽 미주신경 상태는
우리를 웰빙으로 안내하기 위해 존재하는 생물학적 자원이다."

8장

신경계
조형하기

모든 것이 조금씩 이루어진다.

–

샤를 보들레르,
《벌거벗은 내 마음과 다른 산문들》

자율신경계가 작동하는 방식과 그것과 친숙해지는 초기 능력에 대한 이해를 바탕으로, 이제 새로운 방식으로 신경계를 부드럽게 만들어 가는 일로 주의를 돌려 보자. 자율신경계는 우리가 세상을 살아가는 데 안내자 역할을 한다. 하지만 우리가 자각하지 않으면 자율신경계 패턴은 그저 배경에서 작동한다. 심지어 자율신경계 패턴이 조절을 하고 웰빙을 가져올 때도 우리가 그것에 능동적으로 참여하지 않으면 가장 깊이 있는 방식으로 이로움 얻지 못한다. 관심과 의도를 가지고 우리의 웰빙에 자양분을 공급하는 경로를 자원화하는 방식으로 신경계에 영향을 줄 수 있다.

우리의 경로는 생물학에서 말하는 정적 피드백 루프(Positive Feedback Loop)로 우리를 안내한다. 여기에서 '정적'이라는 단어는 단순히 패턴이 계속해서 활성화되어 있음을 의미한다. 정적 피드백 루프는 연결을 위한 상향식 나선을 그릴 수 있다. 예를 들어 기쁜 생각에 뒤따라오는 이완의 순간을 우리 몸에 가져오는 빛나는 순간과 함께 그것은 시작될 수 있고, 그러면 다음번에 오는 빛나는 순간을 맞이할 준비를 하게 된다. 우리는 이런 정적 피드백 루프를 인식하고 자원으로 만들고자 한다.

또한 정적 피드백 루프는 우리를 보호의 순환 고리에 가둘 수도 있다. 생존 모드에는 자기비판과 자기비난이 따라오며, 이런 메시지들은 생존 패턴을 강화한다. 아주 짧은 보호 루프의 경험조차 강력한 힘을 발휘하며 패턴을 중단하지 않으면 신경계를 재구성할 수 없다. 예를 들어 내가 자주 빠져드는 이야기는 "나는 부적응자야", "나는 여기에 속할 수 없어", "나는 여기에 있을 자격이 없어"이다. 이것은 등 쪽 미주신경의 단절감에서 나오며, 일단 한번 이런 이야기를 듣기 시작하면 끌어당기는 힘이 더욱 강력해진다. 그러면 배 쪽 미주신경의 조절로 가는 길을 찾기가 훨씬 어려워지고, 심지어 그럴 가능성이 있다는 사실조차 기억하기 힘들어진다.

　잠시 자신의 루프를 탐색하는 시간을 가져보자. 자원을 동원하는 순간을 살펴보는 것에서 시작해 보라. 자신의 체화된 반응을 느껴 보고, 이런 특별한 생존에 관한 이야기를 시작하게 만드는 생각을 들어 보라. 생각과 이야기가 어떻게 더 강렬해지고 경험을 과장하는지 살펴보라. 등 쪽 미주신경의 붕괴로 끝나는 루프를 계속해서 살펴보라. 자신의 체화된 반응을 알아차리고, 이야기가 어떻게 시작되는지 귀기울이고, 어떻게 그 경험에 끌려들어 가 더 깊은 단절감으로 빠지는지 느껴 보라. 연결을 위한 상향 나선을 만드는 루프를 살펴보는 것으로 탐색을 마친다. 체화된 반응을 알아차려 보라. 배 쪽 미주신경의 연결이 신경계에서 어떻게 살아 숨 쉬고 활성화되는지, 그것이 어떻게 웰빙을 가져다주는 루프로 자신을 데려가는지 느껴 보라. 안전에 관한 자신의 이야기에 닻을 내릴 수 있게 해 주는 생각을 따라가 보라.

스트레스 없이 스트레칭하기

—

우호적인 태도와 친숙해지려는 의도를 가지고 새로운 패턴을 조형하고, 이미 작동하고 있는 패턴을 심화하기 위해 신경계와 협력할 수 있다. 새로운 패턴 조형의 목표는 신경계를 스트레칭하되 스트레스를 주지 않는 것이다. 우리는 신경계를 스트레칭하고, 새로운 패턴의 모습을 느끼고, 잠시 그것을 음미하는 시간을 갖기를 원한다. 우리가 어떤 경험을 이겨내야 한다고 느끼거나 결과를 보기 위해 괴로움을 겪어야 한다고 느낄 때, 신경계는 스트레스를 받고 생존 모드로 들어간다. 그렇게 되면 더 이상 신경계를 조형할 수 없다. 대신 익숙한 보호 패턴에 갇히게 된다. 자율신경의 재구성은 '고통 없이는 얻는 것도 없다'와 같은 격언 하에서는 일어나지 않는다. 변화를 위해서는 신경계를 조형하는 과정에 안전하게 닻을 내리도록 해 주는 적당한 강도의 도전 거리를 찾을 필요가 있다.

조형(Shaping)은 자율신경계에서 일어나는 일에 매 순간 주의를 기울이고, 정보와 연결되며, 발견한 것을 존중하는 일이다. 신경계를 조형하는 일이 흥미롭고 도전적인 이유는 우리가 어디로 향하고 있는지 전혀 모른다는 점 때문이다. 오늘 효과가 있는 것이 내일은 너무 과하거나 충분치 못할 수 있다. 우리는 자율신경의 모험을 계속할 것이고, 이 여정에서 안전을 위해 배 쪽 미주신경의 충분한 조절력을 가질 필요가 있다. 자신의 신경계를 무시하고 뇌가 원하는 길을 따라가면 신경계를 스트레칭하고 조형하는 과정에서 벗어나 스트레스와 생존 모드로 옮겨 가게 된다.

나는 경험을 통해 신경계를 무시하지 않는 법을 배웠다. 나의 뇌도 무엇을 해야 할지에 대한 생각이 있겠지만, 뇌의 결정이 무엇이든

신경계는 생존을 위해 필요하다고 생각되는 행동을 취할 것이다. 최근에 나는 일과를 천천히 시작하기로 마음먹었다. 서두르지 않고 시간을 갖고 천천히 일할 생각이었지만, 교감신경계의 자원을 동원하는 에너지가 너무 강렬해서 느긋하고 편안하게 일상을 맞이하려던 계획이 물거품이 되었다. 나는 자기비판적인 목소리를 듣기 시작했고, 수치심과 자기비난이라는 익숙한 이야기로 끌려들어 가지 않기 위해 노력해야 했다. 내가 자율신경계로 주의를 돌렸을 때, 오늘 아침 내 신경계가 다른 생각을 가지고 있었음을 이해할 수 있었다.

존중과 호기심의 공간에 연결이 되자, 이런 생존 반응 이면에 무엇이 있는지 들을 수 있었다. 교감신경계는 서둘지 않으면 업무가 밀려서 마감일을 제대로 지키지 못하리라는 두려움 때문에 나를 밀어붙이고 있었다. 그 두려움은 곧 실패에 대한 이야기로 이어졌다. 반응의 원동력이 된 이야기를 알고 나니 아침 계획을 조정하는 데 필요한 정보를 얻을 수 있었다. 교감신경의 자원을 동원하는 에너지를 생산적으로 쓰되 그것이 신경계를 주도하지는 않게끔 사용할 수 있었다. 나는 해야 할 일 목록을 꺼내 스스로 충분한 시간이 있음을 떠올리기 위해 가장 윗줄에 '이번 주'라고 적었다. 일에 매몰되고 싶지 않았고 동시에 행동하려는 욕구도 존중해야 했기에 나는 모닝커피를 마시면서 좋아하는 장소에 앉아 할 일 목록에 있는 항목을 해내기 위한 계획을 세웠다. 나는 신경계와 파트너가 될 수 있었고, 단순히 일어나서 일하러 가기보다 하루의 시작을 되돌아보고 움직일 수 있는 여유를 가질 수 있었다.

당신도 지금 직접 한번 시도해 보라. 최근에 어떤 일을 어떻게 진행할지 생각하고 있었지만, 의도했던 대로 일이 진행되지 않았던 때를 떠올려 보라. 방해가 된 생존 반응의 특징을 느껴 보라. 신경계가 어떻게 당신의 주의를 끌었는가? 뇌와 신경계의 생각이 달랐을 때 어떤 느낌이 들었는지 알아차려 보라. 그 내면의 다툼이 어떻게 느껴졌는지 알아차려 보라. 그런 다음 자신이 계획한 일을 방해한 반응에 주의를 기울이고, 신경계가 들려주고 싶어 하는 이야기에 귀 기울이는 모습을 상상해 보라. 무엇이 당신의 생각과 행동을 부추겼는가? 그 이야기를 들으면서 자신의 경험이 어떻게 변화하는지 살펴보라.

신경계를 조형하는 과정에서 중요한 단계는 언제 스트레칭에서 스트레스로 넘어가는지, 언제 자신의 패턴과 관계 맺고 있는 공간을 지나 생존 패턴으로 끌려가 그것에 휘둘리는지를 아는 것이다. 나는 생각이 약간 혼란스러워지거나 체계적이지 못할 때 배 쪽 미주신경의 닻을 잃고 있음을 알게 되었다. 그러면 한 가지 이야기 속에 갇힌 듯한 느낌을 받고 다른 대안이 있다는 사실을 잊게 된다.

스트레칭–스트레스 연속선은 당신이 신경계를 스트레칭하고 조형하고 있음을 알려 주는 신호, 그리고 당신이 스트레스와 생존의 위험 지대로 넘어가기 시작할 때를 알려 주는 신호를 알아차리게 해 주는 좋은 방법이다.

실습: 스트레칭-스트레스 연속선

그림4. 스트레칭-스트레스 연속선

종이에 선을 긋고 선을 따라 스트레칭, 음미, 스트레스, 생존이라는 단어를 일정하게 배치한다. 음미와 스트레스 사이에 중간지점이 위치하게 하고, 스트레칭과 음미를 같은 쪽에, 스트레스와 생존을 다른 쪽에 배치한다. 자신의 주의를 끄는 방식으로지점을 표시하라. 중간지점까지는 배 쪽 미주신경의 공간이고, 중간지점을 넘어서면 교감신경과 등 쪽 미주신경의 공간이다. 원하는 선의 색상, 질감, 길이, 너비를 정하라. 많은 사람이 이미지를 추가하면 연결을 더 깊게 하는 데 도움이 된다고 말한다. 예를 들어 나의 연속선에는 스트레칭을 상징하는 긴 줄에 달려날아가는 연 그림, 음미를 나타내는 조개껍질, 스트레스를 나타내는 들쭉날쭉한 하트 모양, 편안함에서 멀어진 등 쪽 미주신경상태를 상징하는 눈이 쏙 들어간 이모티콘이 있다. 자신의 연속선에 어떤 단어와 이미지가 어울릴지 알아보라.

이 실습에서는 손가락으로 '선을 따라 걷기'를 할 테지만, 실제로 빈 장소에 선을 긋고 따라 걸을 수도 있다. 손가락 두 개를 선의 중간지점에 놓고 그 지점에서 균형을 느꼈던 때를 떠올려 보자. 이 공간에 이름을 붙여 보자. 나는 이 공간을 '모서리'라고 이름 지었다. 자율신경계가 당신에게 말을 걸도록 초대해 보라. 조형에서 작동 중지로 가는 이 변화의 지점을 표현하기에 적절하다고 느껴지는 단어를 찾을 때까지 계속해서 단어를 활용해 보라. 이제 한 손가락은 스트레칭과 음미 쪽에, 다른 한 손가락은 스트레스와 생존 쪽에 놓는다. 각각의 공간에서 다른 에너지를 느껴 보라. 손가락의 균형을 이리저리 옮겨 가면서 배 쪽 미주신경의 안전에 닻을 내리고 있는 자신의 감각에 무슨 일이 일어나는지 느껴 보라.

이제 선의 시작점인 '스트레칭'이라고 표시된 곳으로 이동한다. 새로운 방식으로 신경계를 조형할 준비가 되어 있는 그 지점에서 어떤 느낌이 드는지 살펴보라. 변화를 만드는 과정에서 자율신경계가 당신을 지지하고 있음을 어떻게 알려 주는지 느껴 보라. 다음으로 손가락을 '음미'라고 표시된 지점으로 옮겨 보자. 온전히 알아차리기 위해, 어쩌면 축하하기 위해, 잠시 멈춰서 변화를 받아들이는 것이 어떤 느낌인지 기억해 보라. 약간의 스트레칭과 음미의 순간이 조형을 지원하는 방식을 느끼기 위해 두 점 사이를 왔다 갔다 해 보라. 준비가 되었으면 다시 중간지점으로 이동해 연속선의 다른 쪽으로 가기 전에 잠시 멈춘다. 이 실습은 정보를 모으는 작업임을 마음속에 되새긴다.

이제 스트레스와 생존의 영역으로 여행을 떠날 것이다. 이 실습에서 우리는 신경계 상태를 온전히 체화하길 원하지 않으며 그것을 아주 조금만 살펴볼 것이다. 손가락을 '스트레스'라고 표시된 곳으로 옮기고 그런 경험의 느낌을 살펴보라. 당신이 중간지점을 넘어갔고 더 이상 조형하는 연습을 하고 있지 않음을 신경계가 어떻게 알려 주는가? 마지막으로 '생존'이라고 표시된 곳으로 이동한다. 교감신경과 등 쪽 미주신경 상태가 적응적인 생존 반응을 가져오는 방식을 받아들일 수 있을 만큼 충분히 그곳에 머물러 보라. 이곳에서 자신이 보호 패턴을 얼마나 강화하고 있는지 느껴 보라. 스트레스로 되돌아가서 차이를 알아차려 보라. 생존에서 스트레스로 한 걸음 물러설 때 무슨 일이 일어나는가?

다시 중간지점으로 돌아와 신경계의 변화와 떠오르는 생각을 추적해 보라. 조절을 나타내는 쪽으로 이동하면서 스트레칭으로 되돌아가는 길을 찾아보라. 연속선을 만들고 여러 지점 사이를 옮겨 가면서 경험을 성찰해 보라. 잠시 시간을 내어 자신이 알아낸 것과 기억해야 할 중요한 내용을 적어 보라.

연속선을 사용하는 방법은 다양하다. 자신이 중간지점을 넘어 스트레스로 접어들었다고 느낄 때는 스트레칭 쪽으로 되돌아가는 길을 찾기 위해 연속선을 사용한다. 만약 생존 반응의 끝자락에 와 있는 자신을 발견한다면, 반응을 줄이고 스트레스로 돌아가기 위해 연속선을 사용한 다음 다시 중간지점으로 한 단계 물러선다. 중간지점에서 무엇이 경험을 너무 힘들게 만들었는지 되돌아볼 수 있다. 새로운 경험을 할 때는 스트레칭과 음미 쪽에 머물기 위해 연속선을 사용한다. 새로운 경험의 가장자리를 탐색하고 싶을 때는 중간지점에 서서 자신이 스트레스로 옮겨 가는 순간을 느껴 본다. 새로운 경로를 깊이 있게 만들기 위해 스트레칭과 음미 사이를 "걸어 보라."

자원 패턴 인식하기

—

신경계를 재구성하는 데 따라야 할 두 가지 경로가 있다. 하나는 자원 동원과 단절로 인해 생기는 패턴을 인식하고, 자원을 고갈시키는 패턴을 알아차려서 이를 줄이거나 해결하기 위해 노력하는 것이다. 다른 하나는 자양분이 되는 패턴을 인식하고, 그 패턴을 복제하고 심화하고 더 많이 경험하는 법을 찾는 것이다. 우리는 신체적 증상과 정서적 고통을 느끼면 자연스럽게 자원을 고갈시키는 패턴으로 끌려간다. 이런 패턴을 바꾸는 데 주의를 기울이는 일은 우리가 시작하는 곳이지 끝나는 곳이 아니다. 웰빙을 온전히 경험하려면 자원을 고갈시키는 경로만이 아니라 채우는 경로에도 주의를 기울여야 한다.

첫 번째 단계는 우리가 어떻게 자원을 고갈시키거나 채우는 순간을 경험하는지 인지하는 것이다. 여기서부터 자원을 고갈시키는 경험을 줄이거나 해결하고 자원을 채우는 경험을 복제하는 단계로 나아갈 수 있다. 위계 구조의 구성 요소를 사용해서 자동적으로 자원을 고갈시키는 경험과 함께 등 쪽 미주신경 상태의 가장 하단에서 시작한다. 나는 등 쪽 미주신경계의 힘을 느낄 때 몸에서 약간의 무감각을 느끼고, 주변 환경으로부터 한 걸음 뒤로 물러서며, 제자리에 있지 않다고 생각한다. 당신을 등 쪽 미주신경의 붕괴로 끌고 간 최근 경험을 떠올려 보고 몸에서 무슨 일이 일어나는지 알아차려 보라. 당신은 자율신경계의 자원을 고갈시키는 등 쪽 미주신경 공간에서 어떤 행동을 하고 어떤 믿음을 가지고 있는가? 자신에게 무슨 일이 일어나는지 인지하기 시작하면 잠시 시간을 내어 발견한 것을 기록해 보라.

위계 구조에서 한 단계 위로 올라가서 교감신경의 투쟁-도피 반응으로 자신을 데려갔던 경험에 대해 생각해 보라. 이곳에서 나는 위팔에 경련을 느끼고 내장이 조여 오는 느낌을 받는다. 그리고 가만히 있을 수 없고 도망치고 싶은 강렬한 욕구를 느낀다. 당신의 몸에서, 행동에서, 신념에서 자원을 고갈시키는 이런 패턴을 어떻게 느끼는지 알아차려 보라. 여기서 무슨 일이 일어나는지 인식하고, 잠시 시간을 내어 발견한 것을 기록해 보라.

우리가 위계 구조의 가장 상단인 안전과 조절에 도달하면 자원의 고갈에서 자원을 채우는 것으로 경험이 바뀐다. 이런 일이 일어날 때 나는 몸 안에서 편안한 감각을 느끼고, 하루가 쉽게 흘러가며, 세상이 나에게 탐색할 기회를 주고 있다고 생각한다. 당신에게 배 쪽 미주신경의 자원을 가져다주는 경험의 순간을 떠올려 보라. 자신에게 무슨 일이 일어나는지 알아차려 보라. 자원이 채워지는 경험이 몸에서, 행동에서, 신념에서 어떻게 나타나는가? 자신에게 무슨 일이 일어나는지 인지하기 시작하면 발견한 것을 기록해 보라.

자원을 고갈시키거나 채우는 무언가를 알아볼 수 있다면, 이제 자신의 경험을 탐색하기 위한 지침이 생긴 것이다. 이 지침을 사용해 간단한 조사를 해 보자. 최근의 몇 가지 경험을 떠올려 보고 싸우거나 도망치고 싶은 압도적인 욕구로 자신을 지치게 했던 경험, 무감각과 붕괴로 자신을 지치게 했던 경험에 이름을 붙여 보라. 그런 다음 자양분을 공급하고 충만함을 느끼게 한 경험에 이름을 붙여 보라.

새로운 방식으로 신경계를 조형하는 일은 시간이 지남에 따라 서서히 진행되는 완만한 과정이다. 우리는 지금 즉시 변화가 일어나길 원하지만 대개 자율신경계는 새로운 패턴을 만들고, 이미 존재하는 경로를 깊이 있게 하고, 작은 일들을 되풀이함으로써 자양분을 공급하는 법을 발견하곤 한다. 마리 퀴리는 자서전에서 "진보의 길은 빠르지도 쉽지도 않다는 것을 배웠다"라고 썼다. 마찬가지로 신경계 조형은 한 번의 큰 행동으로 순식간에 이루어지는 일이 아니라 짧은 순간들이 쌓여서 이루어진다. 신경계 조형은 인내와 끈기를 요구한다. 이 장의 다음 부분과 실습에서 이를 강조할 것이다.

신경 상태를 나타내는 문장 구조
—

이 시점에 행크 윌리엄스의 노래 〈I'm So Lonesome I Could Cry〉가

생각난다. 다음 연습에 잘 어울리는 노래이다. 우리는 종종 '너무 ~해서(어떤 느낌) ~할 것 같아(어떤 행동)'라는 문장 구조를 따라 생각한다. 예를 들어 "너무 피곤해서 포기할 것 같아", "너무 화가 나서 소리를 지를 것 같아", "너무 행복해서 모두에게 미소 지을 수 있을 것 같아"와 같은 식이다. 이런 종류의 문장으로 각 자율신경 상태는 우리에게 메시지를 보낸다.

실습: 너무 ~해서 ~할 것 같아

신경계가 무엇을 말하는지 들어 보는 것으로 실습을 시작하자. '너무 ~해서 ~할 것 같아'라는 문구를 사용해 이 순간을 제때 알아차리고 어떤 단어라도 떠오르면 빈칸을 채워 보라. 자신의 문장을 떠올려 보고, 어떤 자율신경계 상태가 메시지를 보내고 있는지 살펴보라. 그 문장은 조절되고, 흥미롭고, 충만하게 느껴지는 단어들이 있는 배 쪽 미주신경 상태에서 나왔는가? 아니면 위험한 느낌과 너무 많은 에너지가 공급되는 느낌을 불러일으키는 교감신경 상태에서 나왔는가? 어쩌면 등 쪽 미주신경 상태에서 나와 희망을 잃고, 단절되고, 작동 중지되는 느낌에 사로잡힌 단어들일 수도 있다.

다음 단계로 각각의 상태에서 한 문장씩, 총 세 문장을 써 보자. 자신의 등 쪽 미주신경과 교감신경의 생존 상태와 연결되는 것으로 시작하라. 문장을 완성하기 위해 어떤 느낌과 행동이 나타나는지 살펴보라. 이어서 배 쪽 미주신경에서 영감을 얻은 문장을 만드는 느낌과 행동으로 마무리한다.

이제 각 상태에 대한 문장과 짝을 이루는 문장을 작성해 새로운 패턴을 조형할 수 있다. 느낌은 유지하되(너무 ~해서) 행동은 변화시킬 수 있다(~할 것 같아). 목표는 두 가지 생존 경로를 누그러뜨리고 안전과 연결의 경로를 심화하는 글쓰기를 위한 충분한 조절 에너지를 가져오는 것이다. 위의 예시를 사용해 붕괴의 등 쪽 미주신경 상태에서 나타나는 "너무 피곤해서 포기할 것 같아"라는 문장을 "너무 피곤해서 잠깐 쉬어야겠어"로 바꿀 수 있다. 교감신경계의 활성화가 부추기는 "너무 화가 나서 소리를 지를 것 같아"라는 문장은 "너무 화가 나서 잠시 쉬었다가 돌아와야겠어"라는 문장이 될 수 있다. 그리고 배 쪽 미주신경에서 영감을 받은 문장인 "너무 행복해서 모두에게 미소 지을 수 있을 것 같아"는 "너무 행복해서 친구들과 함께 시간을 보내고 싶어"로 다시 쓸 수 있다.

자신의 세 문장과 등 쪽 미주신경, 교감신경, 배 쪽 미주신경의 문장에서 찾은 느낌(너무 ~해서)으로 돌아가서 다른 반응(~할 것 같아)을 생각해 보자. 교감신경 및 등 쪽 미주신경 상태에서 쓰인 문장에 배 쪽 미주신경의 조절하는 에너지를 조금 가져와서 새로운 결말을 적어 보라. 이를 위해 배 쪽 미주신경의 바깥쪽 원으로 돌아가 그곳에 불이 들어오는 것을 상상하거나, 마음의 눈으로 자신이 만든 배 쪽 미주신경의 풍경을 바라보거나, 배 쪽 미주신경 상태와 자신을 연결하는 몸 부위와 접촉할 수 있다. 다른 결말을 탐색할 수 있을 만큼 충분히 배 쪽 미주신경에 닻을 내렸다고 느껴지면 문장에 행동을 추가한다. 배 쪽 미주신경계의 조절이 안내하는 동작을 추가함으로써 생존 반응을 부드럽게 조형하는 단어를 사용하라. 배 쪽 미주신경의 조절에 닻을 내린 채 쓰인 문장으로 실습을 마친다. 경험을 확장하고 음미하는 순간으로 자신을 초대하기 위한 행동을 추가해 보라.

이것은 패턴을 지켜보고 새로운 방식으로 패턴을 조형하는 쉽고 빠른 방법이다. 우리는 스스로 이런 말을 자주 한다. '너무 ~해서 ~할 것 같아.' 이런 말을 하는 자신을 발견하면 문장의 앞부분으로 주의를 돌려서 그 순간을 알아차리고, 배 쪽 미주신경 에너지를 조금 불어넣어 다른 결말을 찾아보라.

조절을 위한 호흡 연습

—

신경계를 조형하는 또 다른 방법은 호흡이다. 자율신경계는 호흡을 조절한다. 이것은 자동적인 과정이지만 의도적으로 조작할 수 있다. 호흡은 자율신경계로 가는 직접적인 경로이며, 호흡 자체가 조절하는 자원이 되기도 하고 생존 상태를 활성화하기도 한다. 프라나야마 (Pranayama, 호흡 수련)는 수백 년 동안 요가 수련의 일부였고, 호흡의 힘을 탐구하는 데 도움이 되는 수많은 훌륭한 자료가 있다.

호흡을 사용해 신경계를 조형하는 법을 탐구할 때는 각자 자신만의 방식으로 호흡한다는 사실을 기억하는 것이 중요하다. 많은 사람에게 호흡 수련은 위험 신호가 될 수 있다. 호흡의 리듬과 주기를 바꾸면 자율신경계 상태가 빠르게 변할 수 있기 때문이다. 심지어 단순히 호흡을 알아차리는 행위만으로도 호흡이 느려지거나 깊어진다. 조금 느리게 숨 쉬거나 조금 더 깊게 숨 쉼으로써 안전과 조절로 가는 길을 찾는 대신 단절과 붕괴에 빠질 수도 있다.

성인의 호흡수는 보통 분당 12회에서 20회 사이다. 자신의 호흡수를 헤아려 보는 쉬운 방법은 1분 동안 날숨을 세는 것이다. 이렇게 하면 다른 방법으로 호흡하는 연습을 시작할 때 기준점을 잡을 수 있다. 일반적으로 긴 날숨(비눗방울 불기는 길고 느린 날숨을 연습하는 방법이다), 느린 호흡(분당 호흡수를 사용해 측정할 수 있다), 저항 호흡(숨을 내쉬면서 빨대로 공기를 내뿜는다고 상상하면 이런 느낌을 얻을 수 있다)이 더 많은 배 쪽 미주신경 에너지를 가져온다. 빠른 호흡이나 불규칙한 호흡, 급격한 들숨이나 날숨은 교감신경 활동을 증가시키는 반면 들숨과 날숨의 길이를 일치시키면 자율신경의 균형 상태가 유지된다.[1]

실습에 들어가기 전에 간단히 알아차리는 것으로 시작해 보자. 자신의 몸에서 호흡의 움직임을 느낄 수 있는 곳을 찾아보라. 가슴, 복부, 옆구리, 허리, 콧구멍 아래일 수 있다. 시간을 내어 호흡과 연결된 곳을 찾아보라. 몇 번의 호흡 주기 동안 들숨과 날숨의 경로를 따라가면서 알아보라.

다음으로 호흡하면서 자신의 미주신경 브레이크와 그것의 작동 방식을 자각해 보라. 숨을 들이쉴 때 미주신경 브레이크가 약간 이완되고 심박수가 증가하며, 숨을 내쉴 때마다 미주신경 브레이크가 다시 작동하고 심박수가 감소한다는 사실을 기억하라. 아무것도 바꾸지 않고 몇 번의 호흡 주기를 따라가 보자. 그저 호흡과 함께한다. 그런 다음 호흡과 신경계 상태가 어떻게 연결되어 있는지 알아보자. 위계 구조를 이동하면서 호흡 리듬이 어떻게 달라지는지 느껴 보라. 등쪽 미주신경의 붕괴로 끌려갈 때와 교감신경의 투쟁-도피 자원이 동원될 때, 그리고 배 쪽 미주신경의 안전과 조절에 닻을 내리고 있을 때 호흡이 어떻게 달라지는지 알아차려 보라.

다음 실습에서는 호흡과 함께하는 몇 가지 간단한 방법을 살펴보고 호흡을 활용해 조절로 가는 경로를 조형할 것이다. 실습하는 동안 자율신경계가 당신을 안내하게 하라. 배 쪽 미주신경 상태에 닻을 내려 머물고 연속선의 스트레칭과 음미 쪽에 머물러라.

실습: 호흡 리듬에 집중하기

호흡 리듬에 주의와 의도를 가져오는 한 가지 방법은 각각의 들숨과 날숨에 따라오는 단어를 추가함으로써 호흡과 언어를 하나로 모으는 것이다. 들숨과 함께 따라오는 약간의 에너지 상승과 날숨에 따라오는 편안함으로의 돌아감을 일컫는 단어 짝을 찾아보라. 예를 들어 활기와 휴식, 다가가고 조율하기 같은 것이 될 수 있다. 자신에게 맞는 단어 조합을 찾을 때까지 실험해 보라. 어느 한 가지 조합이 자연스럽게 어울린다고 느껴지면 그 단어를 호흡과의 연결고리로 삼을 수 있다. 또는 선택권을 가지고서 자신의 호흡과 조화를 이루는 몇 쌍의 단어를 찾을 수도 있다. 일단 단어를 찾았다면, 그 단어를 사용해 자신의 호흡 리듬에 집중하고 알아차려 보라. 숨이 들어오고 나갈 때마다 단어를 떠올리면서 어떤 일이 일어나는지 알아차려 보라. 자신의 단어를 소리 내어 말하면 무슨 일이 일어나는지 살펴보라. 이전 실습에서 호흡을 느꼈던 몸 부위에 손을 얹고 경험이 어떻게 달라지는지 살펴보라.

우리를 호흡과 확실하게 연결해 주는 단어가 있다는 사실만으로도 위안이 되지만, 순간순간 어떤 단어가 떠오르는지 실험해 보고 싶을 때도 있다. 숨을 들이쉬고 내쉴 때 따라오는 단어에 귀 기울여 보라. 몇 번의 호흡 주기 동안 주의를 기울이면서 어떤 패턴이 나타나는지, 또 각 호흡 주기마다 어떤 새로운 단어 조합이 나오는지 살펴보라. 열린 마음으로 호기심을 갖고 지켜보면 새로운 무언가를 발견할 수 있다.

모든 호흡에는 움직임이 따라온다. 폐는 채워졌다가 비워지고, 횡격막은 공기를 위한 공간을 만들었다가 공기를 밖으로 밀어내기 위해 모양을 바꾸며, 가슴과 복부는 오르락내리락한다. 호흡 리듬과 관련된 이런 생물학적 움직임 외에도 들숨과 날숨에 의도적인 움직임을 더할 수 있고, 조절을 가져오는 방식으로 호흡의 움직임을 느낄 수 있다.

실습: 호흡과 함께 움직이기

동작을 추가해서 실습할 때 움직임을 상상하거나 실제 행동으로 동작을 표현할 수 있다. 어느 쪽을 선택하든 실습에 생동감을 불어넣을 수 있으므로 연속선의 스트레칭 쪽에 있는 방법을 선택한다. 먼저 숨을 들이쉴 때 떠오르는 동작으로 시작한다. 다음으로 날숨에 따라오는 동작을 탐색해 보라. 이제 호흡 주기를 따라 두 가지 동작에 참여하면서 몸과 호흡이 함께 움직이는 것을 느껴 보라.

신경계를 조형하는 실습 중에 호흡을 사용하는 또 다른 방법은 한숨을 활용하는 것이다. 한숨은 폐를 건강하게 유지하는 자연스러운 방법이다. 우리는 한 시간에 여러 번 자연스럽게 한숨을 내쉬는데, 폐에 있는 수백만 개의 공기주머니를 부풀리기 위해 깊게 숨을 들이쉬고 내쉬는 것이다. 한숨의 전형적인 특징인 소리를 동반한 긴 날숨은 생리적 기능뿐만 아니라 우리의 생각에도 직접적인 영향을 미치는 것으로 밝혀졌다. 그래서 한숨은 신경계의 재설정자(Resetter)라고 불린다. 신경계를 조절하기 위해 배경에서 작동하는 자발적인 한숨 외에도, 신경계 상태에 개입해 순간적으로 신경계를 재설정하고 조절과 연결의 경험을 심화하는 방법으로써 의도적인 한숨을 사용할 수 있다. [2]

실습: 한숨 쉬기

어떤 식으로든 호흡을 변화시키려고 하지 말고 단지 호흡을 따라가면서 알아차려 본다. 숨이 몸 안으로 들어와 나름의 방식으로 몸을 채운 뒤 다시 몸 밖으로 나가는 과정을 알아차려 보라. 호흡 주기의 리듬을 느껴 보라. 이제 다음 숨을 더 깊게 들이마시고 날숨을 한숨으로 바꾸어 자신의 호흡 패턴에 개입해 보라. 몇 번의 호흡 주기를 반복하면서 가끔씩 한숨을 내쉬어 보라.

한숨을 쉬는 몇 가지 기본적인 방법이 있다. 우리는 불만스러울 때 에너지를 방출하기 위해 한숨을 쉬고, 울적하거나 우울할 때 에너지를 불러일으키려고 한숨을 쉰다. 조절로 되돌아가는 길을 찾으면서 안도의 한숨을 내쉬고, 그런 다음 그곳에 안전하게 닻을 내리고 있는 경험을 음미하며 만족감의 한숨을 쉰다.

한숨을 쉬는 각자의 방법을 살펴보고 자신의 반응을 느껴 보자. 절망스러운 한숨으로 시작한다. 붕괴로 끌려들어 가는 느낌과 거기에서 비롯되는 에너지의 고갈을 느껴 보라. 다음번 날숨을 깊은 한숨으로 바꾸어 호흡 패턴을 변화시킬 때 어떤 일이 일어나는지 살펴보라. 다음으로 교감신경계에서 오는 투쟁-도피의 에너지를 조금 허용해 보라. 약간의 조절장애를 느끼면서 불만의 한숨을 쉬어 보라. 자신의 한숨이 투쟁-도피의 자원을 동원하는 에너지 중 일부를 방출하도록 허용하라. 그 한숨과 함께 따라오는 생각을 알아차리고 신경계의 상태가 어떻게 변화하는지 지켜보라. 이제 약간의 조절장애를 느끼면서 조절에 닻을 내린 상태로 되돌아가는 길을 찾아보라. 안도의 한숨을 내쉬고 그 경험과 함께 따라오는 생각을 알아차려 보라. 그리고 연결의 공간에 머무는 동안 만족스러운 한숨을 내쉬어 보라. 자신의 호흡이 편안함, 평온함, 충만하고 성장하는 느낌에 대해 이야기하도록 허용하라. 그 이야기에 귀 기울이고, 받아들이고, 음미해 보라. 의도적으로 한숨을 내쉬는 일은 자율신경계를 능동적으로 조형하는 부드러운 방법이다.

신경계와 접촉하기

—

접촉(Touch)은 신경계가 의사소통하는 기본적인 방법이다. 누군가에게 가 닿을 때 우리는 그들에게 우리의 신경계 상태를 공유하며, 다른 사람이 와 닿을 때 우리는 그들의 신경계 상태를 알게 된다. 접촉은 우리를 빠르게 연결하거나 보호 경로를 활성화할 수 있다. 친밀한 접촉이든 사교적인 접촉이든 또는 따뜻하고 우정 어린 접촉이든 간에, 접촉은 웰빙에 필수적인 요소이다. 접촉은 자율신경계를 자극해 우울,

불안, 스트레스 감소에 도움을 준다. 또한 심혈관계를 진정시키고 면역 기능을 높이며 통증을 줄여 준다. 그래서 UC 버클리의 그레이터 굿 사이언스 센터의 대처 켈트너는 접촉을 '예방 의학'이라고 부른다. 언어에도 접촉의 중요성이 반영되어 있다. 우리는 사람들과 연락을 유지하고(Stay in Touch), 왜 그토록 사람들이 민감한지(Touchy) 궁금해하며, 경험을 통해 감동받는다(Touched). **3**

실습: 접촉의 연속선

접촉하지 못하면 접촉을 갈망하게 되고, 충분한 접촉의 기회를 가지면 성장은 물론 접촉의 욕구가 충족된다. 정기적으로 접촉 경험의 양 끝 사이를 여행하면서, 그 과정에서 멈출 지점을 찾기 위해 앞서 사용했던 연속선을 활용할 수 있다. 선을 그은 다음 한쪽 끝에는 '접촉 부족'이라고 표시하고, 다른 쪽 끝에는 '접촉 충분'이라고 표시한다. 자신만의 이름을 붙여서 선의 양쪽 끝에 적어 보라. 부족에서 충분으로 옮겨 가면서 처음 변화를 느끼는 중간지점을 찾고 거기에 이름을 붙인다. 그런 다음 그 지점에서 어느 방향으로든 이동하면서 몇 개의 지점에 이름을 붙인다. 접촉이 충분하거나 부족하다고 느끼는 쪽으로 이동해 가면서 자신의 신경계에 어떤 변화가 일어나는지 느껴 보라.

접촉 부족　　　　　　　　　　　　　　　　　　　　　接촉 충분

그림5. 접촉의 연속선

개인적인 접촉의 연속선을 통해 자신이 선의 어느 지점에 있는지 호기심을 불러일으킬 수 있다. 잠시 시간을 내어 자신의 현재 경험을 나타내는 곳을 찾을 때까지 연속선을 따라 이동해 보라. 자신이 현재 어디에 있는지 알게 되면 무엇을 해야 할지 생각하는 데 필요한 정보를 얻을 수 있다. 만약 중간지점에 있다면 접촉에 대한 다음 선택으로 당신은 접촉 부족이나 접촉 충분 쪽으로 나아갈 것이다. 만약 당신이 접촉 부족 쪽에 있다면, 자신의 신경계가 놓치고 있는 접촉의 순간을 찾을 수 있는 방법을 탐색해 보라. 만약 접촉 충분 쪽에 있다면, 먼저 그 순간 자신의 욕구를 충족시킬 수 있는 지점에 있는지 확인해 보라. 만약 그렇다면 멈춰서 그 순간을 음미해 보라. 그렇지 않고 여전히 접촉에 대한 갈망을 느낀다면 충분한 느낌 쪽으로 나아갈 수 있도록 너 많은 접촉의 순간을 찾아보라.

접촉에 대한 기억은 신경계에 저장되어 있으며 기억과 접촉함으로써 우리는 다시 보호 패턴이나 연결 패턴으로 이동한다. 예상치 못했거나 원치 않은 방식으로 접촉했던 순간의 기억은 생존 상태를 활성화한다. 자신의 삶에서 접촉이 반갑지 않았던 순간을 떠올려 보면서 언제 투쟁-도피 반응을 했는지, 언제 붕괴 반응을 보였는지 알아보라.

접촉은 또한 조절 반응을 불러일으키고 우리가 연결에 닻을 내리도록 돕는다. 즐거웠던 접촉의 순간을 떠올려 보고, 그런 경험이 어떻게 자신을 안전과 연결로 이끌었는지 느껴 보라. 자율신경 패턴이 새로운 방식으로 조형될 수 있는 것처럼, 연구 결과에 따르면 우리는 한 번 이상의 접촉을 기억하고 새로운 접촉의 추억을 만들 수 있다.[4]

만약 삶에서 접촉하는 것이 안전하게 느껴지는 사람이 있다면, 그 사람과 접촉하면서 배 쪽 미주신경 상태를 살아나게 하고 생존 상태를 활성화하는 법을 실습할 수 있다. 접촉받는 것이 당신의 사회적 참여 체계를 연결로 움직이게 하는가, 아니면 당신을 보호 상태로 데려가는가? 등에 손을 얹는 행위가 조절을 가져오는가, 아니면 생존 반응을 활성화하는가? 연결을 끊는 접촉을 확인하고, 자신을 배 쪽 미주신경의 조절이 가져다주는 편안함으로 데려가고 그곳에 닻을 내리게 하는 접촉 방식을 찾아보라.

자기 접촉(Self-Touch)은 우리가 흔히 경험하는 접촉의 또 다른 방식이다. 우리는 압박감을 느낄 때 이마에 손을 얹는다. 깜짝 놀랐을 때는 자연스러운 몸짓으로 빠르게 숨을 들이마시고 가슴 위에 손을 얹는다. 특별한 무언가에 감동받았을 때도 가슴 위에 손을 얹는다. 많은 사람에게 가슴에 손을 얹는 행위는 조절로 되돌아가는 길이 되어 주고, 계속해서 손을 얹고 있으면 그 경험이 더욱 깊어진다. 지금 바로 시도해 보라. 가슴 위에 손을 얹고 자율신경계의 반응을 느껴 보라. 이 것을 안전과 조절의 경험으로 만들기 위해 적절한 부위와 적절한 압력을 찾아보라. 접촉과 함께 나타나는 이야기에 귀 기울여 보라.

자기 접촉을 연습하는 다른 방법은 목을 감싼 채 자신의 사회적 참여 체계가 시작되는 곳과 연결되어 있다고 상상하거나, 한 손은 가슴에 대고 다른 한 손은 얼굴에 댄 채 얼굴-심장 연결의 행동을 떠올리는 것이다. 팔을 교차해 자기 자신을 끌어안거나, 두 손을 맞잡거나, 기도자의 자세나 합장 자세로 손을 모아 보라. 자신의 다리와 발을 만지는 실험도 해 보라. 어떤 접촉 방법은 성장의 느낌을 줄 것이고, 다른 접촉 방법은 중립적인 느낌을 줄 것이며, 또 다른 접촉 방법은 불편감을 줄 것이다. 시간을 가지고 다양한 접촉 방법을 연습해 보라. 어떤 접촉이 교감신경 또는 등 쪽 미주신경 상태를 경험하게 하는지, 어떤 접촉이 배 쪽 미주신경의 경험을 깊이 있게 만드는지 살펴보라. 자신의 자율신경계가 어떻게 비워지고 채워지는지에 대해 배운 내용을 활용해 자신만의 방법을 찾아보라.

마지막으로 자기 접촉에 거울 접촉(Mirrored Touch)를 추가할 수 있다. 거울 접촉은 자신과 다른 사람이 마치 거울을 바라보듯 똑같이 자기 접촉을 하는 것이다. 한 사람이 자기 접촉을 하면 다른 사람이 따라 한다. 그런 다음 역할을 바꾸어서 한다. 때때로 거울 접촉은 경험을 심화하고 더 긴밀한 연결감을 가져오며, 어떤 때는 보호 상태로의 이동을 촉발하기도 한다. 거울 접촉을 연습하는 두 사람은 서로의 신경계가 같은 방향으로 움직이는지 반대 방향으로 움직이는지 느낄 수 있다. 거울 접촉을 실습할 때는 옳고 그름이 없으며, 단지 이 순간에는 자기 신경계의 방식이 있을 뿐이라는 점을 기억하라.

이 장을 마무리하면서 조형 과정에 대해 다시 생각해 보자. 조형은 시간이 지남에 따라 다양한 방식으로 일어난다. 실습할 때 어떤 연습이 우리를 조절로 이끌어 줄지 알 수 없다. 조형을 연습하는 다양한 방법을 모색하면서, 연속선의 스트레칭과 음미 쪽에 머물며 언제라도 신경계가 필요로 하는 변화를 끌어낼 수 있는 많은 선택지를 가질 수 있다. 신경계를 조형하려면 연습을 지속하는 끈기와 시간이 지나면서 변화가 펼쳐지도록 기다릴 줄 아는 인내심이 필요하다. 자신의 신경계를 조형하고 지속하는 연습을 찾아보라. 그 과정에 뛰어들어 친절함과 온화함의 자질을 길러 보라.

9장

이야기
다시 쓰기

이야기는 우리를 더 살아 있고, 더 인간적이고,
더 용기 있고, 더 사랑스럽게 만든다.

–

매들렌 렝글,
《더 높은 바위》

자율신경 상태의 미세한 변화와 자율신경 패턴은 신경계의 렌즈를 통해 우리가 누구이고 세상을 어떻게 살아가는지에 관한 새로운 이야기를 만들어 낸다. 인간은 이야기꾼이고, 의미를 만드는 존재이며, 신경계를 통해서 이야기를 만들고 이야기 속에서 살아간다. 생명 활동에서 시작되는 정보는 자율신경 경로를 통해 뇌로 이동하고, 뇌는 몸에서 무슨 일이 일어나는지 이해하기 위해 이야기를 만든다. 생명 활동이 변화함에 따라 우리의 이야기도 변한다.

각각의 신경계 상태는 다양한 이야기를 가져온다. 등 쪽 미주신경의 작동 중지 상태에서 오는 이야기들은 희망을 잃거나, 길을 잃거나, 세상이나 다른 사람들과의 연결이 끊어진 느낌에 관한 것이다. 소속감을 느끼지 못하고 홀로 눈에 띄지 않는 부적응자의 이야기이다. 등 쪽 미주신경의 생존 상태에 접촉했을 때 당신의 이야기는 어떤 느낌인가?

교감신경의 자원이 동원된 상태에서 오는 이야기들은 적들에 관한 것이다. 여기서 우리는 연결에 대해 신경 쓰지 않는다. 오로지 생존에만 초점을 맞춘다. 이 이야기들은 분노와 불안, 행동과 혼돈에 관한 것이다. 교감신경의 생존 상태에 귀 기울일 때 당신은 어떤 이야기를 듣는가?

배 쪽 미주신경 상태의 조절에서 오는 이야기들은 가능성과 선택에 관한 것이다. 연결에 대한 이야기이고, 충분히 다룰 수 있다고 느껴지는 문제에 관한 이야기이며, 모험과 탐험을 할 만큼 충분히 안전하다고 느껴지는 세상에 관한 이야기이다. 자신의 배 쪽 미주신경의 안전 상태에 귀 기울일 때 어떤 이야기가 펼쳐지는가?

자율신경계와 친숙해지는 법을 배우면서 우리는 신경계의 이야기가 경직되거나 고정되어 있지 않고 시간이 지남에 따라 변화한다는 사실을 발견한다. 신경계를 조율하는 법을 배우면 각각의 자율신경 상태로부터 하나씩, 우리가 들어 주기만을 기다리고 있는 적어도 세 가지 이야기를 발견하게 된다. 우리의 주의를 사로잡고 우리가 경험할 것을 지시하는 이야기는 그 순간에 가장 활성화된 자율신경 상태에서 나온다. 우리가 한 가지 이상의 이야기에 접근할 수 있다는 사실을 기억한다면 각각의 자율신경 상태에 호기심을 가지고 귀 기울일 수 있으며, 생존에 관한 이야기를 중단하고 안전에 관한 이야기로 깊이 들어갈 수 있다.

세 가지 이야기에 귀 기울이는 한 가지 방법은 특정한 경험을 각각의 신경계 상태에서 살펴보는 것이다. 나는 이것을 신경계 상태의 눈으로 바라보기라고 여긴다. 우리는 신경계 상태와 연결되어 그 관점에서 세상을 바라본다. 이를 탐구해 보기 위해 약간의 고통이 느껴지는 작고 일상적인 경험을 선택한 다음, 위계 구조를 따라가며 각각의 신경계 상태에서 경험을 살펴보고 또한 각각의 이야기에 귀 기울여 보고자 한다.

다음은 신경계 상태의 눈으로 하나의 경험을 세 가지 다른 방식으로 느꼈던 내 삶의 예이다. 내가 탐색하기로 선택한 경험은 모닝커피를 쏟은 순간이다. 참고로 이 이야기는 나의 일상적인 경험에서 완전히 벗어난 것이 아니며, 나의 안전과 삶에 큰 영향을 주지 않는다는 점에 유의하라. 이 탐색에서, 우선 나는 배 쪽 미주신경의 안전감에 닻을 내리고 거기에서 조절되고 있다고 느끼는지 확인하고 싶어 한다. 그런 다음 등 쪽 미주신경의 단절감에 빠져들기 시작하고, 나의 이야기는 시도할 가치가 없는 것이 되어 버린다. 이어서 교감신경이 자원을 동원하는 데까지 이르면, 내가 더 열심히 노력하고 일하고 주의를 기울였다면 이렇게 무능하지 않았을 수도 있다는 이야기를 듣게 된다. 그리고 마지막으로 배 쪽 미주신경 조절의 눈으로 바라보면, 이제 이야기는 '그건 단지 사고일 뿐 오늘 하루에 대한 불길한 징조가 아니다'로 전환된다.

실습: 세 가지 이야기 듣기

이제 당신 차례다. 당신의 호기심을 자극하고 아주 조금 도전이 될 만하다고 느껴지는 작고 일상적인 경험을 선택하는 것으로 시작하자. 귀 기울이는 연습을 시작하기 전에 먼저 배 쪽 미주신경에 내린 닻을 찾아보라. 조절되고 안전하게 귀 기울일 준비가 되었다고 느끼기 위해 이전 실습에서 배운 몇 가지 방법을 사용해 보라(2장으로 돌아가 배 쪽 미주신경의 풍경을 살펴보거나, 6장에 나오는 '신호 식별하기' 연습을 다시 하거나, 7장에서 연습한 배 쪽 미주신경의 연속선을 걸어 보라).

위계 구조의 가장 하단에 있는 등 쪽 미주신경의 구성 요소로 이동한다. 등 쪽 미주신경계의 눈으로 바라보면서 그곳에서 경험한 이야기에 잠시 귀 기울여 보라. 다음으로 위계 구조의 한 단계 위인 교감신경 상태로 올라간다. 그 에너지 일부를 가지고 교감신경이 자원을 동원하는 것을 느껴 보라. 교감신경계의 눈으로 바라보라. 지금 그 경험에 대한 이야기가 어떻게 들리는가? 이제 위계 구조의 가장 상단에 있는 배 쪽 미주신경 상태로 돌아온다. 그곳에 닻을 내리고 배 쪽 미주신경계의 눈으로 바라보면서 이야기에 귀 기울여 보라.

각각의 신경계 상태마다 이야기가 어떻게 다른지 알아본다. 세 가지 이야기를 듣는 것이 자신의 경험에 어떤 영향을 미치는가? 이 신속한 귀 기울이기 연습은 우리의 다양한 이야기를 알아차리게 하고, 하나의 신경계 상태와 그 이야기 속에 갇혀 있을 필요가 없다는 사실을 기억하게 만든다.

자율신경의 이야기에 귀 기울이는 기술을 익히면 다음 단계인 이야기 다시 쓰기(Re-Storying) 실습에 도움이 된다. 새로운 방식으로 신경계를 부드럽게 조형하고 자양분을 주는 연결 패턴을 깊이 있게 만들어 가면서, 우리는 이야기 다시 쓰기로 옮겨 간다. 이것은 지금 일어나고 있는 미세한 자율신경계의 변화에 주의를 기울이고 그것을 새로운 이야기로 엮어 가는 시간이다. 우리는 예술 활동·동작·단어 등을 통해 다양한 방식으로 이야기하고 들으며, 각자 선호하는 방식으로 이야기를 받아들이고 창조하고 공유한다.

나는 단어를 좋아한다. 단어를 사용한 언어유희는 안전감과 연결을 느끼게 한다. 반면 동작은 내게 훨씬 더 도전적인 경험이며, 가끔 내 등 쪽 미주신경계를 살아나게 해 단절의 느낌을 가져다준다. 예술 활동도 유사한 자율신경 반응을 불러일으킬 수 있다. 친구와 동료를 대상으로 조사해 본 결과 보통은 각자 선호하는 경로를 가지고 있었다. 예술 활동, 동작, 단어의 범주에 대해 생각해 보면서 자신의 자율신경계 반응이 무엇인지 느껴 보라. 뇌 그리고 뇌가 말하는 인지적인 이야기에 귀 기울이기보다 신경계가 길잡이가 될 수 있는지 살펴보라. 당신의 자율신경계가 이야기를 받아들이고 창조하고 공유하기 위해 선호하는 방식은 무엇이며, 다소 어렵게 느껴지는 경로는 무엇인가?

어떤 경로를 선택하든 우리는 귀 기울이는 실험을 할 수 있고, 작은 변화를 주어 그 이야기가 어떻게 새로운 방식으로 만들어지는지 다시 귀 기울여 들을 수 있다. 나는 당신에게 동작, 이미지, 단어를 사용해 실습하는 방법을 알려 줄 것이다. 이들 중 하나가 지금 당신에게 너무 부담스럽게 느껴진다면 나중에 돌아와서 실습해도 된다. 스트레칭에 머물고 음미하는 경험이 중요하다. 자율신경의 지혜를 존중하는 것이 필수적이다.

실습: 이야기와 함께 움직이기

동작은 보호와 연결의 상태를 경험하는 방법이며, 신경계 상태에서 나오는 이야기는 각자 자신의 리듬을 가지고 있다. 우리가 어떤 동작을 하든, 혹은 그것이 상상 속에서만 살아 움직이는 것일지라도 동작은 새로운 이야기를 만들어 내는 하나의 경로가 된다.

● 동작으로 패턴 바꾸기

실습을 시작하기 위해 등 쪽 미주신경의 작동 중지나 교감신경의 자원 동원으로 끌려갔던 순간의 기억으로 돌아가 보호 패턴을 나타내는 동작을 찾아보자. 출구를 찾지 못한 채 생존 상태에 갇혀 있는 감각을 묘사하는 움직임을 찾는다. 그것은 몸의 일부분 또는 몸 전체적인 동작일 수 있다(아래 '빠져나오기'의 예를 참고하라). 단순히 그런 동작을 상상하는 것부터 시작하라. 당신이 동작을 상상하면 자율신경계가 그것을 느낄 것이고, 당신의 운동피질(Motor Cortex)이 경험에 참여해 생동감을 불어넣을 것이다. 동작을 상상하고 그 패턴에 갇혀 있는 것이 어떤 느낌인지 느껴 보라. 그런 다음 이제 동작을 실행해 보자. 앉거나 서서 동작에 생동감을 불어넣어 보라. 만약 이것이 너무 힘들다고 느껴지거나, 경험에 너무 깊이 몰입되어서 스트레칭 쪽에서 스트레스 쪽으로 선을 넘어간다고 느껴지면, 동작을 상상하는 단계로 되돌아오라. 반대로 동작이 안전하고 충분히 다룰 수 있다고 느껴지면, 동작을 실행하면서 몸이 어떻게 자신을 보호 패턴의 경험으로 데려가는지 느껴 보라. 이런 특별한 움직임을 통해 생생하게 살아나는 이야기를 들으면서 자신의 신경계가 무엇을 말하고 있는지 귀 기울여 보라.

　이제 패턴을 조금 바꾸어 본다. 상상 속에서 또는 행동으로 그렇게 해 보라. 동작을 바꾸고 새로운 패턴에 익숙해지자. 이런 작은 변화가 당신을 어디로 데려가는가? 변화에 따라오는 이야기에 귀 기울여 보라. 만약 변화가 당신을 보호 패턴에서 벗어나게 하고 연결감과 새로운 희망적인 이야기로 데려간다면, 새로운 동작과 함께 머물며 그것의 리듬을 느껴 보라. 반대로 변화가 보호 패턴과 거기에 있는 이야기로부터 당신을 완전히 벗어나게 하지 못한다면, 그 동작에 또 다른 작은 변화를 시도해 보라.

　변화와 희망의 꿈틀거림을 느낄 수 있을 때까지 실험해 보자. 새로운 이야기에 귀 기울여 보라. 당신을 연결감으로 안내하는 새로운 움직임을 사용해 이전 패턴과 새로운 패턴 사이를 이동해 보라. 몸에서 차이를 느껴 보고 신경계 상태의 변화를 알아차려 보라. 신경계 상태 사이를 유연하게 전환할 수 있는 경험을 해 보라. 몸에서 차이를 느끼고 신경계 상태의 변화를 알아차리면서 패턴 사이를 옮겨 다닐 때 떠오르는 이야기에 귀 기울여 보라.

● 빠져나오기

우리는 때로 벗어날 수 없을 것 같은 보호 패턴에 갇히기도 한다. 그럴 때 동작은 갇혀 있는 경험을 탐색하고, 새로운 패턴을 만들고, 새로운 이야기를 시작하기에 안전한 방법이다. 갇혀 있는 감각을 표현하는 동작 패턴을 찾는 것으로 실습을 시작해 보자. 동작을 상상하거나 실행하면서 어떤 이미지와 느낌이 떠오르는지 살펴보라. 반복되는 패턴에서 나타나는 이야기에 귀 기울여 보라.

이제 그 패턴에서 벗어날 수 있도록 동작을 바꾸어 본다. 갇혀 있는 상태에서 빠져나올 때 어떤 이미지, 느낌, 이야기가 나타나는지 살펴보라. 마지막으로 두 가지 상태 사이를 왔다 갔다 하면서 갇혀 있는 상태와 빠져나오는 상태를 오갈 때 자신의 신경계 상태가 어떻게 달라지는지 느껴 보라.

다음은 갇혀 있다가 빠져나왔던 나의 경험담이다. 내 첫 번째 동작은 앞으로 나아갔다가 뒤로 물러나는 반복적인 움직임이었다. 그런 패턴에 빠진 나를 상상했고 끝없는 주기 속에 갇힌 나를 보았다. 나는 출구가 없는 듯한 절망감을 느꼈다. 마치 실제로 그런 길을 걷고 있는 것처럼, 나는 일어서서 끝없이 앞뒤로 왔다 갔다 하며 앞으로 나아갈 힘이 없어 갇혀 있는 상태의 이야기에 귀 기울였다. 그런 다음 그 길에서 한 걸음 물러섰다. 앞뒤로 움직이는 동작을 멈추고 옆으로 발을 내디뎠다. 그 순간 나는 더 이상 오래되고 진부한 길 위에 있지 않은 듯한 느낌을 받았고 오래된 패턴에서 벗어나 잠시 가만히 서 있었다. 이어서 앞뒤로 움직이는 패턴과 옆으로 발을 내딛는 단순한 동작을 번갈아 가며 실험했다. 몸의 변화를 느끼고 신경계 상태의 변화를 알아차리기 위해 그 과정을 몇 번이나 반복했다. 나는 더 이상 무기력하지 않은 상태에서 또 다른 이야기가 시작되는 것을 들었다.

● 연결 패턴 심화하기

동작은 또한 연결감에 더 깊이 닻을 내리게 한다. 배 쪽 미주신경 상태에 닻을 내리고 있다고 느꼈던 순간을 마음속에 떠올리면서 연결, 조절, 안전 상태를 표현하는 동작을 만들어 보자. 자유롭게 흐르는 감각과 희망에 생명력을 불어넣는 동작을 찾아보라. 보호 상태의 동작과 마찬가지로, 이것은 몸의 일부분 또는 몸 전체적인 동작일 수 있다. 신경계가 그런 동작에 닻을 내리고 있을 때, 자신의 운동피질이 경험에 참여하는 것을 감지하고 경험이 생생하게 살아나는 것을 느껴 보라. 반복되는 패턴의 리듬에 익숙해져 보라. 이제 상상에서 빠져나와 동작을 실행할 수 있는지 살펴보자. 다시 말하지만 너무 힘들고 스트레스 쪽으로 나아가는 듯한 느낌이 들면 동작을 상상하는 단계로 되돌아오라. 당신이 움직임에 어떤 식으로 연결되든지, 자신의 몸이 연결 패턴에서 일어나는 것을 경험하게 하라.

이제 패턴을 조금 바꾸어 보자. 경험을 더 깊게 하는 변화를 찾아보고, 잘 맞는다고 느껴질 때까지 변화를 시도해 보라. 동작에 생명력을 불어넣는 웰빙에 관한 이야기에 귀 기울여 보라. 그런 다음 자신의 동작을 순서대로 다시 실행해 보고, 하나의 동작에서 다른 동작으로 넘어갈 때 일어나는 심화를 느끼면서 그런 경험에서 나오는 이야기에 귀 기울여 보라.

실습: 새로운 이야기 심상화하기

심상(Imagery)은 지각(Perception)을 촉진하고 강력한 메시지를 불러일으킨다. 단 1분간의 짧은 심상 경험일지라도 자율신경계에 중대한 영향을 미친다.[1] 이 실습은 신경계가 어떻게 조형되는지에 대한 이해를 바탕으로, 새로운 이야기를 만들기 위해 심상의 힘을 사용한다. 새로운 이야기를 상상하기 위해 다음과 같은 기본 단계를 따라가 보자.

1 보호 또는 연결 상태에 연결한다.
2 신경계 상태를 표현하는 이미지를 만든다.
3 이미지가 보여 주는 이야기에 귀 기울인다.
4 작은 요소 하나를 추가하거나 제거해 이미지를 변화시킨다.
5 잠시 멈추어 자신의 경험과 이야기에 무슨 일이 일어나는지 지켜본다.
6 충분히 스트레칭되고 더 이상 스트레스 쪽으로 가지 않을 것 같은 지점에 도달했다고 느낄 때까지 이 과정을 반복한다.
7 새로운 이미지 안에 머물며 새로운 이야기에 귀 기울인다.
8 잠시 음미하는 시간을 갖는다.

교감신경의 자원 동원이나 등 쪽 미주신경의 작동 중지와 같은 보호 상태를 탐색할 때, 목표는 이미지에 약간의 변화를 주어 떠오르는 이야기가 당신을 안전과 연결로 안내하게끔 하는 것이다. 연결 상태를 탐색할 때는 이미지에 약간의 변화를 주어 안전에 대한 이야기를 심화하는 것이 목표이다.

새로운 이야기를 심상화하기 위해 단절감을 느끼는 등 쪽미 주신경 공간을 탐색했던 나의 이야기는 이렇다. 내 이미지는 척 박하고, 아무것도 살아 있지 않고, 회색빛만 감도는 장면이었 다. 이 이미지와 함께 따라온 이야기는 환영받지 못하는 세상에 서 보이지 않는 존재에 관한 것이었다. 나는 먼저 약간의 파란 색으로 이미지에 색감을 더했다. 그러자 환영받지 못하는 세상 에서 잠들어 있는 세상으로 이야기가 조금 바뀌었다. 이어서 막 싹이 트기 시작한 작고 푸른 식물을 추가했고 이야기는 다시 변 화했다. 이제 생명이 꿈틀대는 느낌이 들면서 세상이 깨어나기 시작하는 듯했다. 이것은 적당한 수준의 스트레칭이며 더 이상 나를 스트레스로 몰고 가지 않을 것이라고 느끼면서, 나는 여기 서 멈추었다.

이제 직접 실습해 보자. 보호 또는 연결의 순간과 연결하고 이미지를 통해 그 경험에 생동감을 불어넣어라. 색깔, 소리, 냄 새, 에너지 등 이미지를 완성하는 다른 요소를 추가해 보라. 이 미지가 온전히 형태를 갖추었다고 느껴지면 그 이야기에 귀 기 울여 보라.

이제 이미지에 약간의 변화를 주자. 아주 조금 에너지를 조 절할 수 있는 세부 사항 하나를 변화시킨다. 지금 이야기는 무엇인가? 잠시 시간을 갖고 귀 기울여 보라. 이어서 세부 사항을 하나 더 변화시키고 다시 귀 기울여 보자. 이야기가 어떻게 바뀌었는가? 작은 세부 사항 하나를 변화시키면서 새로운 이야기에 귀 기울이는 작업을 계속한다. 새로운 이야기를 만드는 이 과정은 스트레칭에 관한 것이지 스트레스에 관한 것이 아님을 명심하라. 스트레칭의 한계 지점에 도달했다고 느껴질 때는 멈추어서 자신의 이야기가 어떻게 변화했는지 곰곰이 생각해 보라. 음미하기 연습을 추가해 이야기 다시 쓰기 과정을 심화해 보라.

1 주의: 새로운 이미지와 이야기에 초점을 맞춘다.
2 감사: 이미지와 단어의 풍요로움을 느낀다.
3 확장: 최대 30초 동안 그 경험에 머문다.

실습: 단어 바꾸기

언어는 인간을 인간답게 만드는 필수적인 요소이다. 우리가 선택하는 단어는 우리를 보호 패턴에서 벗어나게 하고 안전과 연결의 경험을 강화하는 데 도움을 준다. 단 한두 단어만 바꾸어도 신경계 상태에 강력한 영향을 미칠 수 있다. 단어를 활용한 간단한 3단계 과정을 통해 자신의 신경계 상태를 조형하고 이야기를 만드는 법을 실습할 수 있다.

1 보호 또는 연결에 관한 생각을 담은 문장을 적는다.

2 단어를 바꾸거나 추가 또는 삭제해 문장을 약간 바꾼다. 보호에서 연결로 생각이 전환되는 순간을 탐색한다. 예를 들어 "관계는 위험해, 나는 홀로인 게 더 나아"라는 말은 "어떤 관계는 위험해서 때때로 나는 혼자인 게 더 나아"로 다시 쓰일 수 있다. 그런 다음 연결에 관한 생각에서 더 깊은 연결감으로 옮겨 가게 하는 변화를 탐색한다. 예를 들어 "나는 안전과 연결의 상태에 닻을 내리고 있어"는 "나는 안전과 연결의 상태에 단단하게 닻을 내리고 있어"로 바뀔 수 있다.

3 이런 변화로 인해 자신의 신경계 상태와 이야기에 무슨 일이 일어나는지 살펴보라.

이제 직접 연습해 보자. 먼저 보호를 위한 등 쪽 미주신경의 특징적인 상태를 묘사하는 문장을 적는다. 그런 다음 단어(들)를 바꾸고, 연결 가능성으로 의미를 변화시키는 새로운 문장을 써 보라. 새로운 문장과 함께 자신의 신경계 상태와 이야기에 무슨 일이 일어나는지 살펴보라. 이어서 보호를 위해 교감신경계가 충전된 상태를 생생하게 묘사하는 문장을 써서 연습을 반복한다. 당신은 지금 연결의 방향으로 생각을 전환하는 단어를 찾고 있음을 명심하라. 이것이 당신의 신경계 상태와 이야기에 어떤 영향을 미치는지 생각해 보라. 그러고 나서 연결의 안전에 관한 생각으로부터 영감을 얻은 문장을 쓰는 것으로 마무리한다. 단어(들)를 바꾸고 경험을 심화하는 새로운 문장을 적어 보라. 이것이 자신의 신경계 상태를 어떻게 변화시키고 이야기를 어떻게 재구성하는지 곰곰이 생각해 보라. 단어 한두 개만 바꾸는 간단한 연습으로 우리는 새로운 이야기에 귀 기울일 수 있다.

신경계 상태 사이에 존재하기

—

카오스(Chaos)라는 단어는 '빈 곳' 또는 '사물이 생기기 전에 존재하는 공간'을 의미하는 그리스어 'Khaos'에서 왔다. 이야기 다시 쓰기는 우리가 신경계 상태 사이 공간에 존재할 때의 취약성을 체험하게 하는 과정이다. 이때 우리는 더 이상 오래된 이야기에 갇혀 있지 않지만 아직 새로운 이야기에 기반을 두고 있지도 않다. 마치 한쪽 손잡이를 놓은 채 다른 쪽 손잡이를 잡기 위해 날아가고 있는 공중 그네타기 곡예사와 같다. 신경계 상태 사이 공간을 이동할 때, 우리는 믿음을 가지고 도약해서 다음에 올 손잡이로 손을 뻗는다. 나는 평생에 걸쳐 많은 도약과 착지를 경험하면서 이런 과정을 잘 알게 되었다. 잠시 멈춰서 당신이 살면서 이룬 도약에 대해 생각해 보라. 나처럼 어떤 사람들은 남들보다 더 부드러운 착지를 경험했을 것이다.

실습: 도약과 착지

나는 각자가 해야 할 더 많은 도약과 착지가 있다고 생각한다. 이 과정을 배우기 위해 새로운 이야기로 나아가는 4단계(생존 상태 자각하기, 놓아 버리기, 도약하기, 착지하기) 과정을 따를 수 있다.

● 생존 상태 자각하기

먼저 자신의 신경계에 자양분을 공급하지 않는 것처럼 느껴지는 패턴, 즉 생존 상태에서 나오는 패턴을 떠올려 본다. 시간을 내어 자각에 머물면서 이런 보호 패턴이 어떻게 작동하는지 알아보라. 당신이 찾은 것에 관해 기록하고 싶은 내용을 노트에 적어라.

● 놓아 버리기

자신의 패턴을 놓아 버리면 어떨지 생각해 본다. 패턴에서 벗어난다고 상상해 보자. 그렇게 하는 자신을 바라보면서 '내가 이 패턴에서 벗어난다면~'이라는 문장을 채워 걱정거리를 찾아보라. 방해가 될 수 있는 걱정거리를 완전히 이해했다고 느껴질 때까지 이 과정을 몇 번이고 반복한다. 걱정거리를 확인했으면, 이번에는 희망을 찾기 위해 '내가 이 패턴에서 벗어난다면~'을 사용한다. 놓아 버리기를 연습할 때 도움이 된다고 느낄 때까지 이 문장을 여러 번 사용하라. 놓아 버리기를 상상할 때 자신의 신경계에 무슨 일이 일어나는지 알아차리는 것으로 마무리한다.

● 도약하기

지금까지 수집한 정보를 바탕으로 익숙한 패턴에서 벗어나 실제로 미지의 패턴으로 한 걸음 내디딘다고 상상해 보자. 당신은 첫 번째 계단이나 다리를 볼 수 있지만, 그것이 어디로 이어진 길인지는 알지 못한다. 또는 공중을 날아다니는 공중곡예사가 된 자신을 볼 수도 있다. 도약을 상상할 때 자신이 어디로 향하고 있는지 모른다는 사실을 기억하라. 다만 자신이 오래된 적응적인 생존 패턴에서 벗어날 준비가 되었음을 알면 된다. 앞으로 나아감을 지지하는 배 쪽 미주신경 에너지를 충분히 가져와서 아직 알려지지 않은 새로운 곳으로 도약하는 자신의 모습을 바라보라. 그런 도약의 경험을 노트에 기록하라.

● 착지하기

마침내 새로운 영역에 착지한 자신을 바라본다. 이 새로운 공간의 모든 요소를 볼 필요는 없다. 당신을 안전하게 지켜 주는 배 쪽 미주신경계를 느껴 보고, 그것과 함께 따라오는 호기심을 반갑게 맞이하라. 이 미지의 공간에 머물러도 괜찮다. 당신이 착지한 새로운 공간을 둘러보고 발견한 것을 노트에 기록하라.

이제 돌아가서 네 단계 각각에서 발견한 내용을 다시 살펴본다. 신경계 상태들과 상태의 전환, 그리고 자신이 이야기를 통해 신경계를 스트레칭하는 방식을 느껴 보라. 끝까지 따라가는 것을 상상할 수 있을 만큼 충분한 안전 신호가 있는가? 언제든지 돌아가서 도약과 착지 단계를 다시 살펴보고 배 쪽 미주신경의 조절에 더 많은 연결을 가져오는 몇 가지 요소를 추가할 수 있다. 자신이 이야기 다시 쓰기 과정에 있으며 공간 사이로 이동하고 있음을 인식할 때마다 이 4단계 과정으로 돌아오거나, 도약을 시작할 때 이 단계들을 자원으로 활용하라.

나는 이번 장을 변화에 관한 이야기로 마치려고 한다. 이 글을 읽다 보면 '도약과 착지'의 4단계 실습, 햇빛처럼 빛나는 순간들, 새로운 이야기로 이동하는 데 필요한 안전을 만들어 주는 예측 가능한 상호조절의 힘을 발견할 수 있을 것이다.

카누를 메고 걷는 사람

—

아주 오래전 한 젊은 여성이 여행을 떠났다. 그녀는 가족 중 다른 여성과 마찬가지로 무거운 카누를 등에 지고 걸었다. 길은 험난했고 여러 번 포기하고 싶다는 생각이 들었다. 더 이상 갈 수 없다고 느낄 때마다 작은 햇살이 그녀를 비추어 조금이나마 마음을 따뜻하게 해 주었다. 마침내 그녀는 거센 물결이 흐르는 강둑에 다다랐다. 너무 위험해 보여서 건널 수 없을 것 같았지만 건너편에 아름다운 녹색 들판이 펼쳐져 있었다. 저 들판에 닿을 수만 있다면 안전하게 쉴 수 있으리라 생각했다.

젊은 여성은 용감하게 카누를 띄웠고 물살에 휩쓸려 갔다. 힘껏 몸부림쳤지만 급류와 싸울 만큼 강하지 못했다. 물살에 휩쓸려 몇 마일을 하류로 떠내려가다가 마침내 강바닥에 걸려 있는 나뭇가지를 붙잡았다. 한동안 나뭇가지에 매달려 있던 그녀는 자신의 카누를 강 밖으로 끌어내기에 충분한 힘을 모았다. 강물에서 빠져나온 그녀는 강둑에서 휴식을 취한 후 몸을 보호하기 위해 카누 아래로 몸을 뉘었다. 하지만 언제까지나 카누 아래에 있을 수는 없음을 깨달았고, 강 건너편 세상이 보고 싶었다. 그래서 다시 카누를 등에 지고 걷기 시작했다.

언덕과 계곡을 지나면서 다정한 동물을 많이 만났다. 동물들은 그녀에게 왜 카누를 짊어지고 있냐고 물었다. 그녀는 자기 가족 중 여성들이 모두 그렇게 해 왔고, 강을 건너려면 카누가 필요하기 때문이라고 답했다. 동물들은 이 지역에 더 이상 강이 없으며, 등에 짊어진 무거운 카누를 내려놓으면 여행을 더 잘할 수 있을 거라고 말해 주었다. 젊은 여성은 카누를 내려놓고 몇 걸음 걸어 보았지만 매번 다시 카누를 집어 들었다. 그것 없이 가는 것은 상상할 수 없었다. 무거운 짐을 짊어지지 않는 것이 오히려 더 어색하게 느껴졌다.

몇 마일을 더 지나서 젊은 여성은 산에 도착했다. 저편에는 꽃으로 가득 찬 아름다운 초원이 펼쳐져 있었다. 하지만 어떻게 카누를 등에 지고 산을 오를 수 있을까? 다시는 카누가 필요치 않을 거라는 동물들의 말을 믿을 수 있을까? 카누를 등에 지고 다니지 않는 삶을 상상이나 할 수 있을까? 동물들은 곁에 앉아서 그녀가 생각하는 동안 기다려 주었다. 지금까지의 여행은 매우 힘든 여정이었다. 그녀는 초원으로 가고 싶었다. 동물들은 그녀가 처음 초원을 발견한 순간부터 줄곧 함께 있었다. 그녀는 동물들이 함께 있어 주리란 사실과 그들이 하는 말을 믿을 수 있었다. 정말이지 더는 카누가 필요치 않았다.

이제 카누를 남겨 두고 떠나야 할 시간이 되었다. 카누는 항상 소중한 추억으로 기억에 남을 테지만, 그것을 가지고 산을 오를 수는 없다는 사실을 그녀는 알고 있었다. 젊은 여성은 카누를 내려놓으며 울음을 터뜨렸다. 이전에도 여러 번 시도했었다. 이번에는 정말 다를까? 그녀의 마음을 따뜻하게 비춰 주던 작은 햇살이 이제 한 줄기 햇빛으로 자라났다. 그녀에게는 함께 여행할 동물 친구들이 있었다. 산을 오르는 건 힘든 일이라는 걸 알았지만, 이미 그녀는 거친 강물을 탈출해 살아남은 경험이 있었다. 젊은 여성은 마지막으로 한 번 카누를 쓰다듬고 나서 산을 향해 돌아섰다. 그녀와 동물 친구들은 산을 오르기 시작했다.

10장

자기초월의
경험

오늘 하루를 마무리하며,
우리는 미지의 존재와 약혼한 것에 감사를 표한다.

–

존 오도나휴,
《우리 사이의 공간을 축복하며》

초월(Transcendent)이라는 단어는 '오르다'를 뜻하는 라틴어 'Scandere'와 너머를 의미하는 접두사 'Trans'에서 나왔다. 자기초월(Self-Transcendent) 경험은 일상적인 것을 넘어서게 하고 경계 너머로 우리를 데려간다. 그 순간 우리는 개별적 자아를 넘어서 깊은 상호 연결감으로 나아간다. 사람들과 지구에 일체감을 느낀다. 이것은 문화나 사는 지역에 상관없이 보편적인 경험이다. 경외심, 감사, 자비심, 숭고함, 평온함 등의 자기초월 경험은 모두 자율신경계에 뿌리를 두고 있다. 자율신경계가 이런 강력한 순간과 어떻게 연관되어 있는지 이해하면, 그것을 더 온전히 받아들이고 초월적 순간에 지속적으로 연결될 수 있는 조건을 만들 수 있다.[1]

경이로움 마주하기

—

경외심은 경이로움을 불러오고 호기심을 자극해 우리를 일상의 삶에서 벗어나 경건함이나 깊은 감사의 순간으로 데려간다. 경외의 순간에 우리는 배 쪽 미주신경에서 영감을 얻은 연결을 먼저 자기 자신에게 향하고 그런 다음 외부로 돌려서 다른 사람, 세상, 영혼을 느낀다. 경외심이 가져다주는 이로움으로는 물질적 세계를 탐구하려는 열망, 다른 사람에게 다가가 도움을 주고자 하는 관심의 증가, 신체의 염증 감소, 더큰 웰빙 등이 있다.[2] 경외의 순간에 우리는 세상에 대한 우리의 경험을 변화시키는 무언가 거대한 존재를 경험한다. 자신보다 훨씬 더 큰 무언가와 연결되어 있다고 느끼며, 예전의 사고방식은 더 이상 맞지 않는다고 느낀다. 더불어 세상에서 자신의 위치에 대해 겸손해지고 경이로움으로 가득 차게 된다. 시간에 대한 경험도 구체적이고 제한적인 것에서 확장적이고 무한한 것으로 바뀐다. 최초로 각성한 경외심은 고독한 경험이며, 자의든 타의든 홀로 있을 때 누구나 그것을 경험할 수 있다. 혼자서 그 순간을 체험한 후에야 우리는 다른 사람에게 손을 내밀어 자신의 경험을 공유한다.

경외심은 특별한 순간에 발견된다. 발걸음을 멈추게 하는 무언가와 마주치면 그 순간 우리는 너무도 장엄해서 경이로워진다. 나는 스톤헨지의 돌무더기 한가운데 섰을 때 그런 순간을 경험했다. 당신이 경이로움을 느꼈던 순간을 기억하는가? 경외심은 또한 노래하는 새, 정원에 핀 꽃, 음악 연주 같은 일상적인 경험에서도 느낄 수 있다. 일상 세계에는 경외심을 불러일으키는 순간이 넘쳐난다. 당신은 어떻게 경외심을 인식하는가? 경이로움, 놀라움, 경건함을 찾아보라.

우리는 경외심을 불러일으키는 곳으로 이끌린다. 그곳이 우리의 경이로운 환경이 된다. 그런 장소는 우리가 언제든 쉽게 돌아올 수 있고 쉽게 경외심의 순간을 찾을 수 있는 곳이다. 해안가에 살고 있는 나에게 경이로운 환경 중 하나는 언제든 거닐 수 있는 바닷가이다. 또 다른 하나는 동이 트기 전 바깥에 서서 별을 올려다보고 하늘의 여명을 바라보는 것이다. 이런 단순한 순간들, 발길이 닿는 곳에서 나는 일상의 경이로움과 연결된다. 당신이 쉽게 되돌아와서 경외심을 찾을 수 있는 장소는 어디인가? 자신이 다른 사람들과 연결되어 있고 지구와 연결되어 있는 존재임을 느낄 수 있는 장소를 자연 속에서 찾아보라.

일단 한번 경외심을 느끼는 환경을 찾으면 자신의 삶에 일상적으로 경외심을 초대할 수 있다.

시간이 흐르면서 반복되는 작은 순간들로 신경계가 조형되는 것처럼 작고 경이로운 순간들이 쌓여서 미래의 웰빙을 만든다. 경이로운 순간은 진정으로 자율신경을 조형하는 경험이다. 매일 경외심과 연결하려는 의도를 가져 보라. 나는 최근에 '매일 아침 일어나면 밖으로 나가 북두칠성을 찾아봐야지'라는 계획을 세웠다. 주변에 있는 일상의 경이로운 순간들과 연결하기 위한 계획을 작성해 보라.

감사하기

—

감사는 우리에게 가치 있고 의미 있는 것에 대한 고마움으로 생각할 수 있다. 이것은 고마운 경험이다. 감사는 체화된 느낌이자 우리가 취하는 행동이며, 경외심과 마찬가지로 배 쪽 미주신경계와 관련이 있다. 신체적으로 감사의 순간에는 심장박동이 변화하고, 혈압이 낮아지고, 면역 기능이 향상되며, 스트레스가 감소하고, 더 길고 깊은 잠을 자게 된다. 심리적으로는 더 즐겁고, 더 생동감을 느끼고, 더 관대해지며, 자비심이 깊어지고, 다른 사람들과 더 연결되어 있다고 느낀다. 더 큰 삶의 만족감을 경험하며 소진(Burnout)을 덜 경험한다.[3] 이런 신체적·심리적 경험은 배 쪽 미주신경 상태에 닻을 내림으로써 나타나는 결과이다.

감사는 연결의 경험이다. 다른 사람들과의 관계에서 존재하는 감정이며, 우리가 그런 관계를 더 깊이 있게 만들도록 이끈다. 이를 통해 우리는 선함을 받고 있음을 알아차리고 그런 선의의 선물이 다른 사람에게서 온 것임을 알게 된다. 감사를 느낄 때 우리는 그에 대한 답례로 선의의 선물을 주고 싶어 한다. 감사는 다른 사람과의 연결 안에서 호혜성의 요소가 살아나게 하며 긍정적인 연결고리를 만든다. 감사의 순간을 되돌아보라. 선함을 주고받는 경험에서 호혜의 느낌과 배쪽 미주신경의 에너지 흐름을 느껴 보라.

축복하는 일부터 감사 일기 쓰기, 기도하기, 단순히 감사 인사를 건네는 일에 이르기까지 다양한 감사 연습을 실천할 수 있다. 모든 감사 연습은 안전함의 배 쪽 미주신경 상태에서 비롯되며 신경계를 연결로 향하게 한다는 공통점이 있다. 나는 감사 연습을 생각할 때면 물에 돌을 던졌을 때 생기는 파급효과가 떠오른다. 한 번의 감사, 한 번의 단순한 선행이 물결을 일으켜서 세상을 움직이는 배 쪽 미주신경의 원을 따라 한 사람 한 사람에게 전파된다.

숭고함 발견하기

—

숭고함이라는 용어가 익숙하지 않을 수도 있지만, 실은 당신이 살면서 여러 번 경험해 봤을 가능성이 높다. 숭고함은 인간의 선함, 친절, 용기, 자비와 같은 기대치 못한 행동을 마주할 때 경험하는 영감을 주는 느낌이다. 이런 식으로 감동받을 때 우리는 다른 사람을 돕고 스스로 더 나은 사람이 되고자 하는 이중적인 반응을 보인다. 자율신경계의 렌즈를 통해 이런 반응을 살펴보면 숭고함의 경험은 배 쪽 미주신경과 교감신경 회로를 모두 활성화한다.[4] 교감신경계는 자원을 동원하는 에너지를 가져오는 반면, 배 쪽 미주신경계는 미주신경 브레이크의 작용을 통해 조절을 불러오고 행동에 자비심을 불어넣는다. 우리는 경험에 의해 감동받고 다른 사람에게 친절을 베풀기 위해 움직인다. 숭고함으로 선행을 바라보면 우리는 선행을 베푸는 사람이 되고 싶어진다.[5]

숭고함의 순간을 경험할 기회는 주변에 널려 있다. 우리는 누군가의 선행을 보여 주는 뉴스를 보고 감동받는다. 훌륭한 일을 하는 사람들에 관한 이야기는 우리도 좋은 일을 하고 싶게 만든다. 이런 식으로 감동받은 적이 있거나 숭고함을 경험했던 순간을 떠올려 보라. 그 경험이 당신에게 어떤 영향을 미쳤으며, 다음에 당신이 무엇을 하게 되었는가? 선함, 친절, 용기, 자비심과 같은 기대치 않았던 행동은 우리가 알아차리지 못하는 사이 주변 곳곳에서 일어난다. 감사 연습과 마찬가지로 숭고함은 한 번에 하나의 행동으로 세상을 변화시키는 물결을 일으킨다. 숭고함은 목격한 행동에 직접적으로 반응하기보다 세상에 다가가 선행을 베풀도록 우리의 마음을 움직인다. 선행을 보는 눈을 갖고, 선행의 목격자가 되고, 선행을 실천하는 데 도움이 될 만한 의도를 적어 보라.

자비심 기르기

—

데스몬드 투투 대주교는 이렇게 말했다. "우리는 각자 선함, 사랑, 자비심을 위해 만들어졌다. 우리의 삶은 이런 진리와 함께할 때 세상이 그러하듯 변화한다." 공감이 다른 사람의 고통을 느끼는 것이라면 자비심은 공감을 행동으로 옮기는 것이라고 생각할 수 있다. 타인의 고통을 보고 그 사람의 고통을 느끼면 어떤 식으로든 돕고 싶어진다. 자비심은 정서적인 반응과 돕고자 하는 욕구가 합쳐진 것이다. 우리에게 서로 연결되고자 하는 마음이 있는 것처럼 서로 돕고자 하는 욕구와 자비심에 대한 본능 또한 내재해 있다. 과학적 연구는 자비심이 인간 본성의 일부라는 사실을 보여 준다. 자비심을 주거나 받는 일 모두 웰빙에 도움이 된다. 자비심이 가져다주는 대표적인 이로움으로 심장병 감소, 면역 반응 강화, 스트레스에 대한 회복력 증가 등이 있다.[6]

　자비심을 느꼈던 때, 다른 사람의 고통을 보고 돕고자 하는 마음이 들었던 때를 떠올려 보라. 그 순간을 다시 떠올리면서 자신의 배쪽 미주신경계의 에너지를 느껴 보라. 그런 다음 다른 사람으로부터 자비로운 몸짓을 받았던 때를 떠올리면서 다시 한번 배쪽 미주신경의 에너지를 느껴 보라. 배쪽 미주신경은 자비심을 주고받는 경험에서 필수적인 부분이다. 그래서 미주신경을 때때로 자비심의 신경(Compassion Nerve)이라고 부르기도 한다. 만약 만성적으로 교감신경의 자원 동원 상태나 등 쪽 미주신경의 붕괴 상태에 있다면 자비심을 발휘할 역량을 잃게 된다. 연결의 에너지 속에 있을 때, 배쪽 미주신경계에 닻을 내리고 있을 때만 우리는 자비심을 발휘할 역량을 가질 수 있다. 그럴 때 우리는 다른 사람의 고통을 보고, 그들의 고통을 느끼고, 그들과 함께하면서 도움의 손길을 내밀 수 있다.

우리는 더 큰 자비심 역량을 계발할 수 있다. 이를 위한 한 가지 방법은 배 쪽 미주신경의 조절 상태에 머무는 역량을 강화하는 것이다. 배 쪽 미주신경계에 닻을 내리게 도와주는 이전의 모든 실습이 자비심의 역량을 강화하는 데 도움이 된다. 자비심에 대한 의도를 세움으로써 그런 역량을 자원화할 수 있다. 자비심은 배 쪽 미주신경 상태에 머물 때만 가능하다는 사실을 기억하고, 자신의 배 쪽 미주신경의 편안함으로 가는 길을 찾아 그곳에 닻을 내려 보자. 그 안전한 연결의 공간에서 자비심의 의도를 적어 보라. 자비심의 의도를 만드는 연습은 자비심 역량을 증가시키므로 정기적으로 새로운 의도를 적어 보자.

자비심의 눈으로 세상을 보면 살아가기 위해 몸부림치는 사람들에 대한 도덕적 판단 없이 그들을 바라볼 수 있다. 그들은 나쁘거나 못돼먹은 게 아니라 단지 적응적인 생존 상태에 갇혀 있을 뿐이다. 우리는 그들의 자율신경계가 연결 상태에서 보호 상태로 전환되었음을 이해하고, 그런 경험에 대해 자비심을 느낄 수 있다. 이미 신경계 상태에 따라 휘둘리는 일이 어떤 것인지 경험해 보았기 때문이다.

우리 모두 근본적으로는 동일한 방식으로 연결된 신경계를 가지고 있다는 사실을 깨닫는 것은 때때로 우리의 연결 능력을 시험하는 주변의 가족, 친구, 그리고 우리와 다른 방식으로 생각하고 느끼고 행동하는 세상 사람들에 대한 자비심을 계발하는 출발점이 된다. 공통점을 인식하는 일이 자비심의 기초이다. 아래에 나오는 '나와 마찬가지로(Just Like Me)'라는 자비심 연습은 이런 인식을 행동으로 옮기는 데 유용한 방법이다.

실습: 나와 마찬가지로

이 실습은 서로의 차이점이 아니라 유사성을 인식하는 문장을 통해 '나'라는 감각에서 '우리'라는 감각으로 옮겨 가도록 도와준다. 다른 사람도 나처럼 몸·마음·느낌·생각을 가지고 있으며, 고통과 기쁨을 경험하고 건강하고 사랑받길 원한다. 이 실습을 활용해 다른 사람의 자율신경계가 어떻게 우리와 같은 방식으로 질서 있게 조직화되고 활성화되는지 알 수 있다. 이 문구들이 친구에 관한 것이라고 상상하면서 읽을 때 당신에게 무슨 일이 일어나는지 알아차려 보라.

> 나와 마찬가지로, 이 사람도 연결과 보호의 시간을 경험한다.
> 나와 마찬가지로, 이 사람도 안전과 위험의 신호에 반응한다.
> 나와 마찬가지로, 이 사람도 단절되고 사라질 수 있다.
> 나와 마찬가지로, 이 사람도 위험을 느낄 수 있다.
> 나와 마찬가지로, 이 사람도 따뜻하게 환영받을 수 있다.

잠시 시간을 내어 이 문구들과 자신의 자율신경 반응을 살펴보

라. 신경계 상태가 어떠한가? 어떤 이야기들이 있는가? 이제 이 문구들이 친구가 아닌 사람, 당신과 연결된 느낌이 없거나 심지어 갈등을 겪고 있는 사람에 관한 것이라고 상상해 보라.

나와 마찬가지로, 이 사람도 연결과 보호의 시간을 경험한다.
나와 마찬가지로, 이 사람도 안전과 위험의 신호에 반응한다.
나와 마찬가지로, 이 사람도 단절되고 사라질 수 있다.
나와 마찬가지로, 이 사람도 위험을 느낄 수 있다.
나와 마찬가지로, 이 사람도 따뜻하게 환영받을 수 있다.

이번에는 무슨 일이 일어나는가? 어떤 신경계 상태를 경험하고 어떤 이야기가 들리는가?

다음으로 우리 모두를 조절하고, 생존 반응으로 옮겨 가고, 연결 상태에서 쉬게 하고, 보호 상태로 끌어가는 자연스러운 방식을 인식하는 자신만의 문장을 적어 보자. 당신이 인식하고자 하는 자율신경의 유사성을 골라 네 개 혹은 다섯 개의 문장을 작성해 본다. 작성한 문장을 친한 사람에게 들려준다고 상상해 보라. 각 문장을 읽으면서 그 사람에 대한 알아차림을 유지한다. 자신의 자율신경 반응과 거기에서 나타나는 이야기에 주의를 기울여 보라. 이어서 친구가 아닌 사람을 선택하고 그 사람을 염두에 두면서 문장을 읽어 보라. 자신의 신경계 상태가 어떻게 반응하는지 알아차리면서 거기에서 나타나는 이야기에 주의를 기울여 보라.

이 연습을 자주 반복한다. 친한 사람들과의 연결을 더욱 돈독히 하고, 생존을 위해 몸부림치는 사람들과 연결되는 느낌이 어떠한지 살펴보기 위해 새로운 문장을 적어 볼 수도 있다.

자율신경계는 인간 경험의 공통분모이다. 이것이 다른 사람을 자기 자신과 동등하게 바라볼 수 있게 해 준다. 자비심의 역량은 배 쪽 미주 신경의 조절 상태에 머무는 우리의 역량에 기반을 두고 있으며, 시간이 지남에 따라 연습을 통해 향상될 수 있다. 배 쪽 미주신경계에 닻을 내리는 역량이 깊어질수록 자비심의 역량 또한 깊어진다.

용서하기
—

자비심에는 자연스럽게 용서가 함께한다. 자비심을 가지면 다른 사람이 우리에게 주었던 피해 이면에 있는 그들의 인간성을 볼 수 있다. 자비심은 용서로 나아가는 문을 열어 준다. 용서는 망각이 아니다. 그것은 배 쪽 미주신경의 조절 상태에서 기억하는 것이다. 용서하지 않고 있을 때 우리 자율신경계는 활성화된 교감신경의 생존 상태로 그 경험을 지속한다. 과거를 떠올리는 일은 단지 마음속에서만이 아니라 생명 활동에서도 그 경험을 되살아나게 한다. 우리는 용서함으로

써 자율신경의 보호로부터 이로움을 얻고, 용서하지 않음으로써 자율신경의 위험으로 인해 고통받는다.

용서를 주고받는 일은 모두 조절된 신경계와 관련이 있다. 7 용서는 불안과 우울의 감소 및 낮은 심혈관계 질환 발병률과 관련이 있다. 용서하지 못한 상태에서 자신이 겪은 피해를 떠올리거나 피해를 준 사람을 생각하면 교감신경계의 생존 상태가 활성화된다.8 반대로 용서로 나아갈 때 용서하지 못함에 따라오는 자율신경의 조절장애가 멈추게 된다.

누군가를 용서하지 못한 상태에 있다고 생각하면서 자신과 그 사람이 독 묻은 밧줄의 양쪽 끝을 잡고 있다고 상상해 보자. 자신의 몸이 이미지에 어떻게 반응하는지 알아차려 보라. 이런 관계는 당신이 조절에 내린 닻으로 돌아가는 길을 찾지 못하게 한다. 이제 자신이 독 묻은 밧줄의 한쪽 끝을 내려놓는다고 상상해 보라. 용서하지 못하는 관계에서 벗어난다. 상대방을 바라보면서 그들이 여전히 독 묻은 밧줄의 한쪽 끝을 잡고 있으며, 용서하거나 보상하고 용서받기 위해서는 그들 역시 스스로 행동을 취할 필요가 있음을 생각해 보라. 당신에게 자비심과 용서하는 능력이 생겨나는 것을 느껴 보라.

단지 용서를 상상하는 것만으로도 웰빙을 향해 나아가기 시작한다. 지금 당장은 용서하지 못함에서 용서로 나아가는 일이 너무 큰 도약처럼 느껴지더라도, 언젠가는 용서의 혜택을 누릴 수 있으리란 생각에 머물러 보라.

평온하기

—

평온함은 보통 자기초월적인 경험으로 생각되지 않을 수 있지만, 나는 이것이 우리를 평범한 경험에서 벗어나 깊은 연결감으로 데려간다고 믿기에 이 장에 포함했다. 에크하르트 톨레는 《지금 이 순간을 살아라》에서 다음과 같이 말했다. "현존의 평온함 속에서 자신의 형태와 시간이 없는 현실을 느낄 수 있다. … 당신은 형태와 분리된 존재라는 가림막 너머를 바라본다. 이것이 일체성의 실현이다."

생존 반응을 자극하지 않고 평온해질 수 있는 능력은 복잡하고 어려운 과정이다. 시인 게리 화이티드의 시 〈눈보라가 지나간 후에〉에서 발췌한 아래 구절은 많은 사람이 평온의 순간을 유지하기 위해 얼마나 애쓰고 있는지 잘 표현하고 있다.

> 둥그런 모양의 눈
> 이제 개울 둑 위에 걸려 있네
> 바람 한 점 없는 공기 속에서,
> 너무도 고요한 평온과 정적
> 나는 견딜 수 없었다

평온함을 실습하기 위해 다시 신경계로 돌아가자. 생물학적으로 평온함은 가장 오래된 등 쪽 미주신경과 가장 최신의 배 쪽 미주신경, 이 두 가지 미주신경이 함께 작동해 두려움 없이 움직이지 않는 채로 머물 수 있게 하는 자율신경 상태의 조합이다. 배 쪽 미주신경 상태는 우리에게 생동감을 불어넣고 서로 연결되게 하며, 등 쪽 미주신경 상태는 무감각과 붕괴를 통해 생존을 돕는다. 이 두 가지 미주신경 경로, 즉 오래된 부동화의 에너지와 최신의 연결 에너지가 함께할 때만 안전하게 평온해지는 경험을 할 수 있다.

실습: 평온함 찾기

평온함 속에서 안전을 경험할 때 우리는 침묵을 편안하게 받아들이고, 자기성찰을 하고, 다른 사람과 조화를 이루면서 말없이 연결될 수 있으며, 친밀한 경험의 기쁨에 현존할 수 있다. 우리는 각자 평온함의 경험을 묘사하는 자신만의 방법을 가지고 있다. 그것은 고요함, 고독, 또는 존재감일 수 있다. 자신에게 알맞은 단어를 찾아보라.

평온함으로 자신의 경험을 탐색해 보라. 등 쪽 미주신경의 붕괴를 만들고, 교감신경 에너지의 급격한 상승을 가져오며, 조용한 순간과의 안전한 연결을 유도하는 평온함의 문장을 적어 보라. 예를 들어 다음과 같은 문장을 적을 수 있다. "평온해지면 내가 사라진다. 평온함은 두렵고 나는 그것과 거리를 두어야 한다. 평온함의 순간으로 들어갈 때 고요한 느낌이 나에게 자양분을 준다."

우리에게는 각자 다정한 침묵 속에 앉아 있거나 평온함 속에서 연결되도록 해 주는 특별한 사람과의 관계가 있다. 삶에서 함께 있으면 평온하고 안전하다고 느끼는 사람이 있는가? 평온함의 순간을 공유하는 데 필요한 안전한 환경을 만들어 주는 관계에 대해 곰곰이 생각해 보라.

일상 속 특정한 장소는 조용한 순간으로 안전하게 들어갈 기회를 제공한다. 당신을 평온함으로 초대하는 장소의 특징을 확인해 보라. 자신이 조용한 곳에 끌리는지 아니면 특정한 소리가 나는 곳에 끌리는지 생각해 보라. 그곳은 당신 혼자 있는 공간일 수도 있고, 다른 사람과 함께 있는 곳일 수도 있으며, 실내 또는 자연 속 야외 공간일 수도 있다. 평온함을 가져다주는 환경을 탐색하면서 자신의 자율신경계에 귀 기울여 보라. 쉽게 되돌아갈 수 있고 정기적으로 들를 수 있는 장소를 찾아보라.

우리는 모두 쉽게 평온함을 찾을 수 있는 시간을 가지고 있다. 하루 중 특정 시간대나 한 주의 특정 요일일 수 있다. 때로는 평온함을 제공하는 활동에 참여할 때 자연스럽게 그것이 나타나기도 한다. 자신의 일상을 둘러보면서 그런 초대를 발견할 수 있는지 살펴보라.

마지막으로 평온함이 필요한 순간을 알아차릴 필요가 있다. 이를 위해서는 자신의 자율신경계가 보내는 신호에 귀 기울여야 한다. 평온함에 대한 개인적 욕구를 생각할 때, 당신이 고요함 또는 고독의 순간을 원하고 있음을 알려 주는 신호는 무엇인가?

안전하게 평온해질 기회를 제공하는 사람, 장소, 시간, 그리고 고독의 순간이 필요하다고 말해 주는 신호를 알아차리면 자신의 삶에 평온한 순간을 더하는 데 필요한 정보를 얻을 수 있다. 평온함으로 나아가는 연습을 통해 새로운 방식으로 신경계를 조형하면 안전하게 평온해지는 역량이 강화된다. 평온함의 매 순간은 자신의 신경계에 자양분을 공급하는 순간이다.

박애 명상

—

박애는 이 장에서 살펴본 초월적인 경험과 잘 어울린다. 박애의 사전적 정의는 '친절한 행위'이다. 자율신경 실습에서 박애는 치유를 위해 배 쪽 미주신경 에너지를 적극적이고 지속적이며 의도적으로 사용하는 것이다. 끝으로 나의 책《치료에서의 다미주신경 이론》에 나오는 박애 명상을 소개하면서 이 장을 마무리한다.

외부로 향한 자각을 내면의 연결로 가져온다. 몸 안에서 배 쪽 미주신경 에너지의 움직임이 느껴지는 부위를 찾아보라. 심장, 가슴, 얼굴, 눈 뒤쪽 또는 자신의 신경계에서만 느껴지는 다른 부위일 수 있다. 친절의 에너지가 나오는 곳을 느껴 보고 잠시 그곳에 머물러 보라. 배 쪽 미주신경 에너지가 몸 전체를 이동하는 흐름을 느껴 보라. 따뜻함이 퍼지는 느낌이 들 수도 있다. 어쩌면 심장이 넓어지거나 가슴이 벅차오르는 듯한 느낌이 들 수도 있다. 눈이 찌릿찌릿하거나 목구멍이 조여 오는 느낌이 들 수도 있다. 잠시 시간을 내어 배 쪽 미주신경의 흐름에 대한 개인적인 경험을 알아보라. 잠시 멈추어 이런 신경계의 상태를 음미해 보자.

이제 이 에너지를 치유의 목적으로 사용한다고 상상해 본다. 다른 사람 또는 다른 신경계를 돌보고 자비심으로 대할 수 있는 이 상태의 힘을 느껴 보라. 이런 상태를 적극적으로 활용해 세상을 조형하는 다양한 방법을 시각화해 보라. 사랑하는 사람의 고통을 덜어 주기 위해 배 쪽 미주신경의 에너지 흐름 안에 그를 포용할 수 있다. 어쩌면 당신은 조절장애가 넘쳐 나는 세상 속에서 살아 있는 배 쪽 미주신경계를 가진 흔치 않은 사람일 수 있다. 잠시 시간을 내어 자신의 삶 속에 있는 사람들과 당신의 배 쪽 미주신경의 존재를 필요로 하는 세상 속 공간을 의식해 보자. 배 쪽 미주신경의 풍요로운 상태에서 그런 연결로 이동하는 것을 상상해 보라.

배 쪽 미주신경 에너지를 적극적, 지속적, 의도적으로 제공함으로써 당신은 친절, 관대함, 선함, 자비심, 우정, 보편적 인간성의 안내자가 된다. 자비를 베풀려는 의도를 세워 보라.

"자기초월의 순간, 우리는 개별적 자아를 넘어서
깊은 상호 연결감으로 나아간다."

11장

신경계
돌보기

우리는 모두 사랑의 씨앗을 가지고 있다.

–

틱낫한

지금까지 자율신경계가 어떻게 작동하는지, 그리고 안전과 연결을 위한 새로운 경로로 자율신경계를 조형하는 법을 살펴보았다. 이번 장에서는 관심에서 돌봄으로 주제를 전환해 신경계에 자양분을 공급하는 방법을 살펴본다. 무엇이 우리에게 자양분을 주는지 알고, 그것과의 연결을 위해 행동을 취하는 일은 배 쪽 미주신경에 닻을 내릴 때만 가능한 지속적인 웰빙 경험 중 하나이다.

주의, 수용, 돌봄
—

신경계에 자양분을 공급하는 방법 중 하나는 주의를 기울이고 수용하고 돌보는 단계를 밟는 것이다. 주의를 기울이고 수용하는 일은 연결하고 귀 기울이는 경험인 반면, 돌봄은 연결하고 귀 기울이는 과정을 통해 배운 것을 행동으로 옮기는 일이다. 여기서 우리는 생존 상태로 옮겨 가는 순간을 알아차릴 뿐 아니라 배 쪽 미주신경에 안전하게 닻을 내리는 순간을 인식하기 위해 신경계에서 무슨 일이 일어나고 있는지 귀 기울일 것이다. 신경지의 말에 귀 기울이고, 안전과 위험의 신호를 받아들이며, 조절하는 방법을 찾거나 안전에 닻을 내리는 경험을 심화하는 데 필요한 것이 무엇인지 살펴볼 것이다. 나아가 행동을 취함으로써 현존하는 욕구를 돌볼 것이다. 지금 바로 아래의 내용을 시도해 보자.

주의 자신의 현재 상태를 알아차려 보라. 그런 상태의 느낌에 주의를 기울여 보라.

수용 당신이 찾은 안전과 위험 신호는 무엇인가? 신경지가 어떤 정보를 보내고 있는가?

돌봄 지금 가지고 있는 정보를 바탕으로 배 쪽 미주신경계의 안전과 조절로 나아가거나 그곳에 더 깊이 닻을 내리는 데 도움이 되는 행동은 무엇인가? 지금 이 순간 신경계가 자양분을 받고 있다고 느끼는 데 필요한 것은 무엇인가?

주의를 기울이고 수용하고 돌보는 간단한 과정을 통해 자양분을 주는 행동을 만드는 데 필요한 정보를 수집할 수 있다. 이를 정기적으로 연습하려는 의도를 세워 보라. 의도를 세울 때는 신경계에 적절한 수준의 도전 거리를 찾아야 한다. 우리는 종종 새로운 무언가를 원하면서 실천적인 부분에서는 비현실적인 기대를 하곤 한다. 뇌가 자율신경계와 보조를 맞추지 못할 때, 우리가 세운 의도는 안전 신호를 만들고 신경계를 스트레칭하는 대신 위험 신호를 만들어 연결 능력을 작동 중지시킬 수 있다.

적절한 수준의 도전 의식을 불러오는 의도를 세워 보라. 그리고 연습을 실천하기 전에 먼저 얼마나 자주 연습해야 할지 생각해 보자. 한 시간에 한 번? 하루에 세 번? 하루에 한 번? 일주일에 한 번? 자신의 의도를 적고 그것을 읽어 보면서 신경계가 어떻게 반응하는지 살펴보라. 배 쪽 미주신경이 말하는 '예', 너무 과해서 불안과 저항을 불러 일으키는 교감신경의 감각, 희망을 잃게 만드는 비현실적인 등 쪽 미주신경 감각을 찾을 수 있는가? 자율신경계를 고려하지 않은 채 연습을 위한 의도를 세우거나 목표를 설정하면 스스로 원치 않아서가 아니라 우리의 생명 활동이 뒷받침하지 못해서 그것을 실천하지 못하는 경우가 많아진다.

계획을 검토하고 자신이 세운 의도를 뒷받침하는 데 필요한 방식으로 수정하라. 신경계와 협력해 스트레칭-스트레스 연속선상에서 스트레칭 쪽에 머물기 위한 계획을 세워 보라. 일단 한번 중간지점을 지나 스트레스 쪽으로 넘어가면 신경계의 변화가 가로막힌다는 사실을 명심하라. 연결과 보호의 방정식이 안전 신호보다 위험 신호 쪽으로 더 기울어지면 계획을 완수할 수 없다.

뇌와 신체의 협력을 통해 만든 계획에 주의를 기울이고 이를 수용하고 돌보면서 자신의 의도를 잘 따를 수 있는지 살펴보라. 의도는 흥미를 유발하고 꾸준히 유지할 수 있어야 한다. 일상생활에서 맞닥뜨리는 문제들이 달라짐에 따라 연습을 실천할 수 있는 우리의 역량 또한 변화한다. 매 순간 자신의 실천 능력을 점검하고 변화하는 경험에 맞추어 의도를 재검토하고 수정하라. 향후 어떠한 의도를 세울 때마다 이런 과정을 거쳐서 자신의 신경계에 적절한 수준의 도전 거리를 찾고 실천해 보라.

유연성과 회복탄력성

—

유연성과 회복탄력성은 밀접한 관련이 있다. 유연한 신경계는 회복탄력성이 있고, 회복탄력성이 있는 신경계는 유연하다. 우리는 웰빙이 항상 조절 상태에 있는 신경계로 정의되지 않는다는 사실을 기억할 필요가 있다. 웰빙을 가져다주는 신경계는 여전히 조절장애를 일으키지만 생존 반응에 갇혀 있기보다 유연성과 회복탄력성을 통해 조절로 돌아가는 길을 찾는다. 당신은 오늘 하루 무엇을 경험했는가? 자신을 하나의 신경계 상태에서 다른 상태로 데려갔던 커다란 변화와 하나의 신경계 상태 안에서 일어났던 더 미세한 변화에 대해 생각해 보라. 잠시 시간을 내어 자신을 지금 이 순간에 이르게 한 자율신경계의 여정에 대해 생각해 보라.

신경계에 자양분을 공급하고 배 쪽 미주신경 에너지를 위한 더 많은 역량을 만들어 낼 때 우리는 반응하고, 조절로 돌아가고, 경험을 성찰한다. 하루 중 잠시 시간을 내어 다음 세 단계를 시도해 보라.

1 **반응:** 강렬했던 순간을 떠올려 보라. 자신이 어떻게 반응했는지 생각해 보라. 신경계가 당신을 어떤 상태로 데려갔는가?
2 **조절:** 다시 조절로 돌아와 그곳에 닻을 내린 느낌을 떠올려 보라.
3 **성찰:** 경험을 되돌아보는 시간을 가져라. 자신의 신경계가 반응하는 방식에서 배울 점은 무엇인가?

자율신경계의 렌즈를 통해 회복탄력성을 살펴보면 빈도(얼마나 자주 연결 상태에서 보호 상태로 끌려가는지), 강도(생존 반응이 얼마나 강렬한지), 지속 시간(배 쪽 미주신경의 조절 상태로 돌아가는 길을 찾기 전에 교감신경 또는 등 쪽 미주신경 상태에 얼마나 오래 갇혀 있는지)의 특성을 살펴볼 수 있다. 우리는 회복탄력성의 수준이 안정적이지 않음을 기억할 필요가 있다. 이는 우리의 신체적 건강과 우리가 충족시키려고 하는 욕구의 수, 우리가 가진 사회적 지지와 사회적 연결의 양에 따라 달라진다.

실습: 회복탄력성의 연속선

회복탄력성의 연속선은 각자의 회복탄력성 수준을 살펴보는 좋은 방법이다. 연속선을 만들려면 종이와 연필 또는 색깔 펜이 필요하다. 먼저 사용할 선의 종류를 정한다. 수직선, 수평선, 자유롭게 휘어지는 곡선으로 실험해 볼 수 있다. 어떤 것이 실습에 적당한지 알아보기 위해 여러 가지 선을 그려 보라. 색깔 펜을 사용할 수 있다면 먼저 연속선을 그릴 색을 선택한 다음 그 선을 따라 표시할 점들의 색을 선택한다.

시작하기 전에 회복탄력성의 연속선 양 끝에 이름을 붙인다. 한쪽 끝은 회복탄력성이 없다고 느끼는 곳이고 다른 쪽 끝은 회복탄력성이 충분하다고 느끼는 곳이다. 예를 들어 회복탄력성이 없다고 느끼는 쪽에는 '에너지 없음, 관심 없음'이라고 적고, 충분한 회복탄력성이 있다고 느끼는 쪽에는 '회복탄력성 있음,

준비됨'이라고 적는다. 잠시 시간을 내어 자신만의 단어를 찾아 보라.

다음으로 선의 양 끝 사이에서 몇 개의 지점을 확인해 보라. 자신의 위치와 회복탄력성의 일반적 수준을 찾기 위한 충분한 정보가 필요하다. 정확하게 자신의 회복탄력성을 살펴보려면 최소한 세 개의 점이 필요하다. 실습을 하다 보면 쉽게 더 많은 지점을 찾을 수 있고 그것들이 유용하다는 사실을 알게 될 것이다.

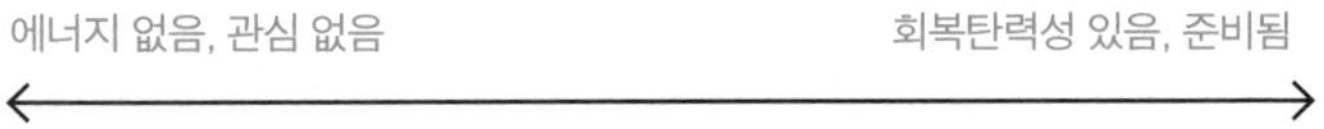

에너지 없음, 관심 없음   회복탄력성 있음, 준비됨

←─────────────────────────────────────→

그림6. 회복탄력성의 연속선

이제 완성된 연속선에서 자신의 위치를 찾아보라. 오늘 당신은 어디에 위치하고 있는가? 지금 이 순간 당신의 회복탄력성 수준은 어느 정도인가?

회복탄력성을 살펴보는 일은 지속적인 활동이다. 얼마나 회복탄력성을 느끼는지가 일상의 문제들에 대응하는 우리의 방식을 좌우하며, 반대로 일상의 문제와 자원의 개수 및 종류가 우리의 회복탄력성 역량에 영향을 미친다. 자신의 연속선으로 가서 회복탄력성을 점검하는 연습을 해 보라. 자신이 회복탄력성의 연속선상에 어디에 있는지를 알게 되면 왜 그렇게 특정한 방식으로 생각하고 느끼고 행동하는지 더 잘 이해하게 된다. 또한 거기에서 신경계를 돌보기 위한 다음 단계의 지침을 얻게 된다.

자기돌봄

—

많은 사람이 자기돌봄(Self-Care)의 개념을 이해하기 어려워한다. 자기돌봄 연습은 종종 이기적인 태도와 혼동된다. 신경계의 렌즈를 통해 살펴보면 자기돌봄은 배 쪽 미주신경의 안전과 연결에 기반을 둔다. 반면 이기적인 태도는 생존 상태에서 비롯된다. 이기적일 때 우리는 두려움에서 오는 욕구를 충족시키려고 노력한다. 자신의 신경계가 자기돌봄 연습에 대해 무엇을 이야기하는지 잠시 살펴보라. 신경계에 귀 기울이면서 아래의 문장들을 채워 보자.

내가 등 쪽 미주신경의 붕괴와 단절 상태에 있을 때,
자기돌봄은 _____ 이다.
내가 교감신경의 자원 동원 상태에 있을 때,
자기돌봄은 _____ 이다.
내가 배 쪽 미주신경 상태에 닻을 내리고 있을 때,
자기돌봄은 _____ 이다.

예를 들어 등 쪽 미주신경 상태에 있을 때는 자기돌봄을 생각하지 못하거나 거기에 생각이 미치지 못한다고 말할 수 있다. 교감신경 상태에 있을 때는 자기돌봄이 시간 낭비나 방해가 된다고 말할 수 있으며, 배 쪽 미주신경 상태에 있을 때 자기돌봄은 건강에 필수적인 요소로서 기쁨을 가져온다고 말할 수 있다.

자기돌봄을 시작할 때 흔히 '해야 한다'라거나 '하지 말아야 한다'라고 스스로에게 말하는 경우가 많다. 이런 말은 초대가 아닌 요구이며, 우리에게 필요하고 자양분이 되는 메시지가 아니라 위험 신호를 전달한다. 예를 들면 이런 말들이다. "운동하고, 명상하고, 친구들과 어울려야 해. 몸에 해로운 음식을 먹지 말고, TV를 너무 많이 보지 말고, 혼자 있는 시간을 줄여야 해." 스스로에게 '해야 한다'라거나 '하지 말아야 한다'라고 말하는 때를 주의 깊게 살펴보라. 그때 어떤 신경계가 활성화되는지, 그리고 그런 요구의 이면에 무엇이 있는지 알아차리기 위해 잠시 멈추어 보라.

자율신경계의 안내에 따라 자기돌봄을 실천할 때 깊이 생각해 봐야 할 두 가지 중요한 질문이 있다. '지금 이 순간 나의 신경계가 필요로 하는 것은 무엇인가?'와 '내가 하는 일이 나의 신경계에 자양분이 되는가?'이다. 이 두 가지 질문에 주의를 기울이는 일이 지속 가능하고 자율신경계에 민감한 자기돌봄 습관을 기르는 첫걸음이다.

자기돌봄은 배 쪽 미주신경계에서 발견되는 다양한 선택지에서 비롯된다. 자율신경계에 기반한 자기돌봄은 경직된 루틴이 아니라 다양한 선택지를 가지고 있다. 어떤 날은 이완된 미주신경 브레이크를 통해 흘러들어 온 에너지로 자율신경계가 가득 차고, 다른 때는 배 쪽 미주신경계의 편안한 에너지를 느낄 것이다. 자율신경계에 자양분을 공급하기 위해 시시때때로 변화하는 우리의 욕구를 충족하려면 다양한 자기돌봄 활동이 필요하다.

일상생활의 일부인 주변 사람과 장소는 자기돌봄에 대한 개인적인 신념에 영향을 미친다. 당신의 주변 사람은 자기돌봄을 권장하는가, 아니면 그것이 중요치 않다고 생각하는가? 당신은 자기돌봄을 연습하기에 쉬운 곳에 살고 있는가? 자기돌봄을 권장하는 곳에서 일하고 있는가? 만약 자기돌봄에 대한 꽉 막힌 사고방식을 가진 사람들과 함께 있다면, 혹은 자기돌봄을 가치 있게 여기지 않는 곳에서 생활하고 있다면, 자기돌봄에 대한 자신의 요구에 귀 기울이고 그것을 따르기가 어려울 수 있다. 반대로 자기돌봄을 권장하는 사람들과 함께하면서 자기돌봄을 가치 있게 여기는 곳에서 생활하고 있다면, 자기돌봄에 관심을 기울이고 자신의 신경계에 자양분을 주는 연습을 실천하기가 한결 더 쉬울 것이다.

실습: 자기돌봄의 원

자기돌봄의 원은 스스로 자율신경계에 친화적인 자기돌봄 연습을 만드는 방법 중 하나이다. 종이에 원을 그린 다음 원 밖으로 선을 그어서 원을 사분면으로 나눈다. 연필이나 색깔 펜을 사용해 사분면에 신체적 활동, 관계적 활동, 정신적 활동, 영적 활동이라고 이름 붙인다. 이어서 특정한 순서대로 원을 한 바퀴

돌면 되는데, 어디서 시작할지는 각자 정하면 된다. 원의 사분면을 통과할 때 어떤 사분면이 다른 것보다 더 많이 채워지더라도 걱정할 필요 없다. 보통 사람들은 어떤 한 사분면에 다른 곳보다 더 많은 자기돌봄 활동을 가지고 있다. 자신만의 자기돌봄 원을 만드는 과정은 먼저 원의 안쪽 사분면에 참여하고 있는 활동을 채운 다음, 원의 바깥쪽 사분면에 해 보고 싶은 활동을 추가하면 된다.

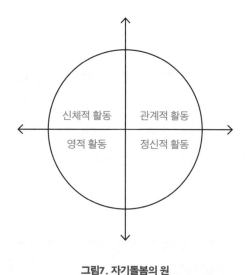

그림7. 자기돌봄의 원

● **원의 내부: 신체적 활동**

신체적 사분면부터 시작한다. 사분면의 안쪽에 자기돌봄을 위해 신체적인 영역에서 할 수 있는 일을 적는다. 선택지를 생각하면서 그 행동이 배 쪽 미주신경에서 영감을 받은 경험인지,

해야 한다고 생각하는 교감신경계의 더 강한 욕구 때문인지, 진정한 돌봄 없이 등 쪽 미주신경의 경험에서 나온 행동인지를 스스로에게 물어보라. 자기돌봄의 원을 만들 때는 자신을 진정으로 배 쪽 미주신경 상태로 데려가거나 그곳에서의 경험을 깊이 있게 만드는 활동만 추가해야 한다.

● 원의 내부: 관계적 활동

관계적 사분면으로 이동한다. 색깔 펜을 사용한다면, 이 사분면에는 다른 색을 선택하고 원 안쪽에 다른 사람과 함께 자기돌봄의 시간을 보냈던 일을 적는다. 사람들과 정기적으로 대화를 나누고, 가족 및 친구들과 어울리거나 어떤 집단에 속해 모임이나 활동에 참여했을 수 있다. 대인관계 경험 중 어떤 것이든, 그것을 하는 동안 충만함을 느끼는지 생각해 보라. 자신에게 진정으로 자양분을 공급하는 배 쪽 미주신경의 활동이 무엇인지 결정하기 위해 신경계를 초대하라. 이 관계의 영역에서 행동과 연결에 의해 충만함을 느끼지 못하거나 어떤 행동이 당신을 배 쪽 미주신경 상태로 이끌지 못한다면, 그것은 자기돌봄의 원 안에 속하지 않는다.

● 원의 내부: 정신적 활동

정신적 사분면으로 이동해 다른 색깔의 펜을 선택한다. 자신의 마음을 단련하기 위해 하는 일을 생각해 보라. 독서를 하는가?

어떤 프로그램을 시청하는가? 강의를 듣는가? 게임을 하는가?
자신의 일상적인 활동을 되돌아보고 어떤 일이 마음과 관련된
활동인지, 무엇이 자기돌봄의 시간처럼 느껴지는지 알아보라.

● 원의 내부: 영적 활동

마지막은 영적인 사분면이다. 새로운 색깔 펜을 선택한다. 이
영역에서 우리는 자기보다 더 큰 존재와 연결되어 삶의 의미와
목적을 찾곤 한다. 배 쪽 미주신경의 에너지 흐름으로 들어가
당신에게 영성이 어떤 의미인지, 영적인 것이 무엇을 의미하는
지에 대한 정의와 연결될 수 있는 경험을 찾아보라. 자기돌봄의
원에 당신이 찾은 것을 추가하라.

잠시 시간을 내어 자기돌봄의 원이 어떤 형태를 갖추고 있는지
살펴보라. 동일한 활동이 다른 사분면에서 나타나는 것은 일반
적인 일이다. 예를 들어 요가 수련은 각각의 사분면에 표시될
수 있다. 요가 동작은 신체적인 활동이고, 다른 사람과 함께 수
련하는 경우 관계적인 활동이 되며, 요가 수련을 통해 마음을
다스린다면 정신적인 활동이 되고, 수련을 통해 더 큰 존재와
의 연결감을 느낀다면 그것은 영적인 활동이 된다. 자신의 원을
살펴보면서 어떤 사분면이 가득 차 있어서 자양분을 느끼게 하
는지, 그리고 어떤 사분면에 더 많은 관심이 필요한지 알아차려
보라.

● 원의 외부

다음 단계는 원의 바깥쪽을 탐색하는 것이다. 새로운 활동을 실험하리란 의도를 잘 나타내기 위해 아직 사용하지 않은 색깔을 선택하라. 신체적 사분면에서 시작해 무엇을 탐색하면 재미있을지 자신의 신경계가 안내하도록 하라. 당신이 찾은 것을 원 바깥쪽에 적어 보라. 마음속에 떠오른 내용을 수정하지 말고 그대로 적기를 권한다. 그 이유는 바깥쪽에 무언가를 적는다고 해서 반드시 그것을 실행에 옮기겠다는 뜻은 아니지만, 이를 통해 자신의 내면 어딘가에 그것을 실험해 보고 싶은 열망이 있음을 알 수 있기 때문이다. 그런 다음 관계적, 정신적, 영적 사분면에서도 똑같이 해 본다. 무엇을 탐색하고 싶은가? 무엇이 나타나는가? 당신의 신경계는 무엇을 열망하는가?

● 자기돌봄의 원 실천하기

자기돌봄의 원을 완성했다면, 내면을 바라보면서 신경계에 자양분을 주기 위해 지금 무엇을 하고 있는지 살펴보자. 흥미롭다고 생각하고 시도해 볼 만하다고 느끼는 원 바깥의 활동을 살펴보라. 가득 찬 사분면은 당신이 자기돌봄 하는 방식을 가리킨다. 상대적으로 덜 채워진 사분면을 살펴보는 데 의도적으로 시간을 더 할애할 수도 있다. 우리가 사분면에서 균형 있게 활동할 수 있다면 자기돌봄 활동에서 균형을 느끼고 자율신경의 웰빙이 가져다주는 이로움을 누릴 수 있다.

마지막 작업은 실천 기간을 설정하는 것이다. 자기돌봄 습관을 기르는 데는 시간이 걸린다. 보통은 6개월 정도지만 3개월 또는 9개월이 적당하다고 느낄 수도 있다. 자신이 선택한 기간을 종이에 적어 보라. 그런 다음 쉽게 눈에 띄는 곳에 자기돌봄의 원을 둔다. 원의 내부에 있는 활동을 점검하고 원의 외부에 있는 활동을 실천해 보라.

자기돌봄 연습은 지속적인 과정이며 진행 중에 새로운 것들이 계속해서 펼쳐진다. 자신의 신경계에 귀 기울이고, 무엇이 자양분을 가져다주는지 살펴보고, 호기심을 따라가라. 이것은 정적인 활동이 아니다. 자기돌봄의 원은 자신의 변화하는 욕구와 변화하는 연습을 반영한다. 선택한 날짜에 도달하면 다시 연습을 시작하라. 무엇이 달라졌는지 확인하고 새로운 자기돌봄의 원을 만들어 보라.

조절의 에너지 나누기

—

신경계에 자양분을 공급하고 배 쪽 미주신경의 에너지에 닻을 내릴 수 있을 때 우리는 웰빙을 경험한다. 조절에서 벗어나 교감신경과 등 쪽 미주신경의 에너지로 끌려가더라도 되돌아가는 길을 알고 있기 때문이다. 조절의 공간에 머물면서 배 쪽 미주신경계의 안내에 따라 일상을 살아갈 때 우리는 웰빙의 이로움을 경험할 뿐만 아니라 조절의 에너지를 주변 사람들에게 나눠 줄 수 있다. 배 쪽 미주신경의 에너지에 닻을 내리면 스스로 조절의 이로움을 느끼고 자연스럽게 다른 사람을 향해 손 내밀게 된다. 다른 사람에게 조절의 영향력을 나누는 일이 더 이상 짊어져야 할 짐이 아닌 축복으로 여겨진다.

실습: 연결로 초대하기

연결을 제공하며 다가갈 때 우리는 신경계 사이에서 일어나는 자율신경의 대화에 귀 기울인다. 잠시 시간을 내어 가까운 사람을 생각해 보자. 자율신경계의 렌즈를 통해 그들을 바라보라. 그들은 자율신경이 잘 조절되고 있는가, 그렇지 않은가? 그들은 연결의 안전감을 느끼고 있는가, 아니면 보호 패턴에 갇혀 있는가? 잠시 시간을 내어 그들의 신경계를 감지할 수 있는지 살펴보라. 그들의 신경계가 배 쪽 미주신경의 안전함으로 돌아오기 위해 무엇을 필요로 하는지 호기심을 가져 보라. 신경계를 잘 조절하고 현존하는 당신의 능력이 그들에게 어떻게 도움이 될 수 있는가?

우리는 신경계가 초대와 요구 사이의 차이에 매우 민감하다는 사실을 알고 있다. 언어는 그 차이를 느끼는 방법 중 하나이다. '~해야 해', '~할 필요가 있어', '~하는 게 좋을 거야' 같은 말을 들으면 생존 반응으로 옮겨 갈 수 있다. "나는 너와 함께 있어"라는 표현은 연결로의 초대처럼 느껴질 수 있는 반면 "너를 위해 내가 여기 있을게"라는 말은 거리감을 불러일으킬 수 있다. 생존 반응을 불러일으키는 단어와 연결로 초대하는 단어를 실험해 보라.

다른 사람에게 상호조절을 제공하고자 할 때, 때때로 그것은 단지 그 사람과 함께 있어 주는 일일 수도 있고 혹은 더 적극적인 연결 방법이 필요할 때도 있다. 두 신경계 사이의 소통은 우리가 선택을 위해 정보를 수집하는 장소이다. 배 쪽 미주신경계에 닻을 내리고 다른 사람의 신경계가 필요로 하는 것이 무엇인지 호기심을 가져 보라. 안전 신호와 연결로의 초대장을 보내는 반응을 찾을 때까지 연결을 제공하는 방법을 실험해 보라.

세상은 종종 압도적인 조절장애 상태에 있는 것처럼 보이며, 우리는 교감신경의 투쟁-도피나 등 쪽 미주신경의 단절과 포기라는 적응적인 생존 상태로 빠르게 휩쓸려 갈 수 있다. 우리는 세상에 무슨 일이 일어나고 있는지를 주변 사람들의 반응을 통해서 안다. 하지만 세상을 변화시키고 희망이 보이는 안전과 연결로 나아가는 길을 찾기 위해서는 길을 밝혀 줄 배 쪽 미주신경의 에너지가 필요하다. 내 친구 게리 화이티드의 시 〈지구가 깜짝 놀라게 하네〉에 나오는 아래 구절은 배 쪽 미주신경 에너지에 대해 말해 준다.

이른 아침의 새로운 빛

촛불이 들려주는 음성

너무도 맑고, 너무도 노랗고, 너무도 매혹적이어서

나의 귀를 사로잡네.

이번 장을 마치면서 다시 한번 자기돌봄 연습으로 돌아가 보자. 자신의 배 쪽 미주신경으로 되돌아가는 길을 찾아보라. 그 친숙한 길을 여행하는 시간을 가져 보라. 길을 따라 펼쳐지는 풍경, 소리, 감각을 느껴 보라. 자율신경계가 어떻게 자양분을 공급받고 무엇을 열망하는지 보기 위해 자신의 자율신경계를 초대하라.

12장

공동체
만들기

우리가 주변의 어떤 것을 골라내려고 하면,
그것이 우주 안의 다른 모든 것들과 끈끈하게 이어져 있음을 깨닫게 된다.

-

존 뮤어

안전과 연결의 과학은 날로 발전하고 있으며 신경계가 작동하는 방식에 대한 이해는 계속해서 심화되고 있다. 신경계에 대해 배우는 일이 때로는 너무 과학적이라고 느껴질 수 있지만, 생명 활동을 이해하는 것은 실제로 우리에게 생명의 신비와 마법을 보여 준다. 배 쪽 미주신경의 조절에 닻을 내리고 있을 때 우리는 풍요로움을 느낀다. 다른 사람들과 세상에 기적과도 같이 연결되어 있다고 느낀다. 배 쪽 미주신경에 닻을 내리는 방법을 보여 주는 과학을 어느 정도라도 이해함으로써 은혜로운 그곳에 도달할 수 있다.

신경계 상태의 다양한 특징을 알려 주고, 신경계 상태를 이곳저곳으로 옮겨 가도록 끊임없이 변화하는 에너지 흐름을 가진 신경계는 자율신경의 모험을 계속하도록 우리를 초대한다. 우리가 신경계와 친구가 되고, 배 쪽 미주신경의 에너지에 닻을 내리고, 경험과 함께하는 능력을 갖추게 되면, 신경계가 보내는 메시지에 흥미롭게 귀 기울이고 그것이 우리를 어디로 데려갈지에 대해 호기심을 갖게 된다. 조절에 더 단단히 닻을 내릴수록 무심코 지나칠 수 있는 은혜롭고, 경이롭고, 아름다운 순간을 더 많이 경험할 수 있다. 심장박동, 호흡, 상호작용에서 신경계는 우리의 삶을 만들고 경험을 인도한다. 신경계를 벗 삼고 그것이 자양분을 받아야 한다는 사실에 주의를 기울이면, 세상을 살아가는 동안 배 쪽 미주신경에서 비롯된 현존을 경험하게 된다.

배 쪽 미주신경의 조절에 닻을 내리고 신뢰감 있는 그곳에서 살아갈 때 깊은 변화가 일어난다. 도약할 때 안전한 착지점을 찾을 수 있으리라는 믿음을 가지게 되고, 기꺼이 위험을 감수하며 세상을 살아갈 수 있다. 교감신경이 자원을 동원하는 상태로 살아갈 때는 스스로에 대한 믿음이 없거나 세상이 자신을 지지해 주리란 신뢰가 없으며, 등 쪽 미주신경의 붕괴 상태에 있을 때는 도약의 기회를 상상조차 하지 못한다. 이런 상태에 있을 때 우리는 보호 경로에서 만들어진 이야기에 갇히게 된다. 배 쪽 미주신경의 연결의 눈으로 세상을 바라볼 때만 우리는 삶의 중요한 부분에서 다양한 선택을 할 수 있다.

배 쪽 미주신경의 조절에 닻을 내리는 방법을 알게 되면 더 많은 신체적 웰빙을 경험한다. 조절된 신경계와 함께 웰빙의 시간이 확장되고, 오래된 통증 및 만성적인 건강 문제들이 변화하기 시작한다. 또한 신체적 웰빙이 증가할 때 우리는 사람들과 관계를 맺고 새로운 방식으로 세상과 연결된다. 종종 사람들은 식사를 즐기거나 친근한 대화를 나누는 것과 같은 단순한 일에서 먼저 변화를 알아차린다. 그리고 작은 변화에 주의를 기울이는 이 공간에서, 배 쪽 미주신경에 닻을 내리려는 노력이 변화를 만들고 있다는 사실과 더 중요한 다른 것들을 알게 된다. 우리는 보호 상태보다 조절 상태에서 자신의 믿음을 지킬 수 있고 필요한 것을 요청할 수 있다. 자비심으로 세상을 바라보고 호기심으로 세상과 연결된다. 비판적인 이야기에서 벗어나고, 주변 사람들의 행동을 설명하는 꼬리표 대신 그들이 조절장애 상태에 있음을 떠올림으로써 그들을 이해한다. 다른 사람들과의 상호작용은 '지금 이 순간 상대방의 신경계가 안전하다고 느끼려면 무엇이 필요한가?'라는 질문으로 이루어진다.

변화로 가는 길

—

비즈니스 세계에서 기업들은 신제품의 성공적인 마케팅을 위해 여러 가지 이벤트를 기획하는 '제품 출시 계획'을 수립한다. 자율신경을 재구성하는 세계에서도 개인적인 변화 과정에 성공적으로 참여하기 위한 계획을 세울 수 있다. 이를 새롭게 조형된 신경계를 출시하는 청사진으로 생각해 보자.

실습: 신경계 출시 계획

신경계 출시 계획을 작성할 때는 소망으로 시작한다. 무엇을 초대하고 싶은가? 어떤 도약을 만들고 싶은가? 그런 다음 소망을 실현해 줄 의도, 이미지, 글쓰기, 사회적 지지를 추가한다. 개인적인 계획을 만든 후 다음 단계에서는 자율신경계를 동반자로 삼는다. 인지와 역량 사이에서 갈등의 위험을 감수하는 뇌에 의존하기보다 신경계를 과정에 참여시키면 자율신경 상태가 도약과 안전한 착지에 필요한 기초를 만들어 준다. 다음의 네 단계를 따라 자신만의 개인적인 계획을 만들어 보라.

1 **의도 설정하기:** 자신의 의도를 적는다. 단어를 활용해 자신의 흥미를 끄는 문장을 만든다. 문장을 읽고 소리 내어 말해 본다. 자신의 신경계가 '예'라고 말하는 방식을 기억하

고, 신경계의 특징을 온전히 반영한다고 느끼도록 필요한 경우 어떤 식으로든 단어를 바꾸어 보라.

2 **이미지 만들기:** 보는 것이 믿는 것이다. 이미지는 감각적 특징을 가진 생각이다. 자신의 모든 감각을 사용해 풍부한 세부 사항을 지닌 그림을 만든다. 다음의 세 가지 시각화 방법을 통해 결과, 단계, 과정에서 발생하는 문제점을 확인할 수 있다. 각각을 실습해 보고 성공적으로 의도를 실현하는 데 신경계가 참여하도록 하라.

- **결과의 시각화:** 목표에 도달하는 것을 시각화하면 이완 반응이 활성화되고 뇌는 마치 목표가 달성된 것처럼 반응한다. 결과의 시각화는 성공 경험을 음미하는 배 쪽 미주신경을 참여시킨다.

- **과정의 시각화:** 과정의 시각화는 당신을 이곳에서 저곳으로 데려간다. 배 쪽 미주신경의 조절에 닻을 내리고 경로를 따라 이동하면서 각 단계를 살펴보라.

- **비판적 시각화:** 당신이 헤쳐 나가야 할 도전 거리는 무엇인가? 자율신경계가 어려움을 겪고 있는 곳, 조절의 자원을 가져오기 위해 주의를 기울여야 할 곳을 느껴 보라.

3 **계획 작성하기:** 자신의 의도와 시각화를 구체적인 형태로 만든다. 명확하고 따라 하기 쉬운 형태로 계획을 작성한다.

개요를 사용하거나, 단락으로 작성하거나, 단어와 이미지로 계획을 설명하는 방법을 선택할 수 있다. 자율신경계가 당신의 계획을 따르는 데 도움이 되는 형식을 찾아보라.

4 계획 공유하기: 신경계는 다른 사람과 연결되길 바란다는 점을 기억하면서 자신의 계획을 공유하길 원하는 사람을 찾아보라. 소규모 공동체를 만들었다면(이 장의 뒷부분에서 설명함) 그곳에 계획을 공유한다. 자신의 계획을 다른 사람에게 말하는 것이 어떻게 느껴지는가? 자율신경 반응을 살펴보라. 배 쪽 미주신경 상태에 닻을 내리고 있는가? 계획을 공유하면서 그것을 변경할 방법을 찾고 있는가? 스트레칭-스트레스 연속선에서 스트레칭 쪽에 머물기 위해 필요하다면 어떤 방법으로든 계획을 수정하라.

현재 작업 중인 도약에 확인할 수 있는 중간지점이 있다면 신경계 출시 계획에서 해당 지점을 인식하는 것이 좋다. 연속선 작업에서는 두 곳 사이의 지속적인 이동을 살펴보기 위해 중간지점을 사용하지만 여기서는 중간지점이 사전-사후 경험을 나타낸다. 이것은 다음 단계가 오래된 것에서 새로운 것으로 우리를 데려가리란 사실을 깨닫게 되는 순간이다.

　최근에 나는 중간지점에서 그 순간의 거대함을 느꼈던 적이 있다. 나는 그 순간이 되돌아갈 수 있는 마지막 기회임을 깨달았다. 다음 행동은 전환점이 될 것이며, 길을 찾기 위해서는 중간 지점을 가로질러 되돌아가 나의 의도를 읽고 다음 단계로 나아 가는 데 필요한 확신을 얻기 위해 계획을 검토해야 했다. 그 순 간의 힘은 나를 놀라게 했고 중간지점에 주의를 기울이는 일이 얼마나 중요한지 다시 한번 일깨워 주었다. 신경계 출시 계획에 서 중간지점을 추가할 수 있는 곳은 두 군데이다. 하나는 '과정 의 시각화' 단계이고, 다른 하나는 '계획 작성하기' 단계이다.

현존을 위한 자율신경 대화

신경계에 깊이 귀 기울이는 일은 배 쪽 미주신경의 안전과 조절의 공 간에서 비롯되며, 이곳은 우리의 유일한 의도인 현존과 신경계 사이 의 연결이 이루어지는 곳이다. 의제를 갖지 않은 채 어떻게 반응할지 또는 어떻게 도움을 줄지 미리 생각하지 않고 귀 기울일 때 우리는 누 군가에게 그들이 간절히 바라지만 자주 놓치는 경험, 즉 보이고 들리 고 환영받는 존재로서의 경험을 전해 줄 수 있다. 배 쪽 미주신경에 닻 을 내리고 있지 않으면 이런 연결로 들어가 목격자가 될 수 없다. 그리 고 배 쪽 미주신경의 경험을 제공하는 사람과 함께하지 않으면 우리 또한 목격된다는 느낌을 받지 못한다. 다른 사람의 현존 안에 머무는 것은 강력한 선물이다. 게리 화이티드는 깊이 귀 기울이는 경험에 대한 다음과 같은 생각을 나에게 공유했다.

> 귀 기울이기는 그것이 시작되고 우리가 충분히 안전하다고 느낄 때 다른 사람과의 연결로 이어진다. 하지만 거기서 멈추지 않는다. 또한 그것은 우리가 주변의 모든 것과 연결되는 수단이자 매개체이다. 귀 기울이기가 진정으로 상호성을 가질 때 우리는 항상 우리를 둘러싸고 지켜 주는 우주라고 부르는 거대한 상호연결망 안에서 요청과 응답을 통해 서로 반응한다. 귀 기울이기는 수많은 통로를 통해 이루어진다. 보통은 이것을 청각적인 현상으로 여기지만 그것은 또 다른 통로를 통과해 우리에게 닿는다. 우리는 귀로 듣는다. 하지만 눈, 마음, 가슴, 촉각, 그리고 자율신경계를 통해 전해지는 모든 감각과 지각의 흐름으로부터도 듣는다.

게리의 말은 귀 기울이기가 자율신경계의 경험임을 아름답게 상기시켜 준다. 진정으로 귀 기울이기 위해서는 연결에 개방적이어야 하고 취약한 공간으로 들어갈 수 있을 만큼 충분히 안전하다고 느껴야 한다. 깊이 귀 기울이기는 배 쪽 미주신경의 안전에 닻을 내릴 때만 가능하다. 배 쪽 미주신경의 편안함과 그 모든 징후에서 그것이 어떻게 느껴지는 알면 우리가 편안하지 않은 때를 인식할 수 있다. 귀 기울이는 법을 알려면 안전과 조절의 공간에 있지 않은 순간을 알아차릴 필요가 있다. 몸에서 느끼는 방식, 세상에서 에너지가 느껴지는 방식, 주변 사람들의 반응을 통해 교감신경이 자원을 동원하는 상태를 쉽게 인식할 수 있다. 등 쪽 미주신경의 단절은 알아차리기가 조금 더 힘들 수 있다. 그 이유는 우리 존재가 큰 비중을 차지하지 못한 채 사라져 보이지 않게 된 까닭에 세상을 살아가는 동안 이 상태를 못 보고 넘어가기 쉽기 때문이다. 앞서 배운 모든 실습은 우리가 배 쪽 미주신경의 조절 안에서 편안하게 머물 때를 인식하고 거기에서 멀어질 때를 알아차리게 해 준다. 또한 깊이 귀 기울이는 데 필요한 현존 상태에 닻을 내리도록 도와준다.

신경계는 우리가 일상을 안전하게 살아갈 수 있도록 돕는 정보의 송수신 허브이다. 이는 우리의 개별적인 신경계 내부뿐만 아니라 주위에 있는 신경계와도 연결되어 계속해서 작동한다. 자율신경의 대화는 자신 안에서, 자신과 다른 사람들 사이에서, 자신과 환경 사이에서, 그리고 자신과 영혼 사이에서 일어난다. 매 순간 우리는 에너지와 정보를 전달하고 받아들인다. 의도적으로 주변 사람들과 연결하든 그렇지 않든 간에 우리는 자율신경의 대화를 나누고 있다. 따라서 신경계가 주변 사람들과 우리에게 영향을 미치는 방식을 더 잘 이해할수록 세상을 살아가는 방식에 대해 책임감을 느끼게 된다.

직장에서든 개인 생활에서든 공식은 동일하다. 연결은 안전에 대한 신경지에서 시작된다. 배 쪽 미주신경에 닻을 내릴 때 우리는 주변 사람들을 다정하게 대하고 안전하게 현존한다. 다른 사람의 신경계는 우리가 보내는 안전의 에너지를 느끼고 연결을 위한 초대를 받는다. 반대로 보호 상태로 나아갈 때 우리는 위험 메시지를 보내고 다른 사람의 신경계는 경고 신호에 주의를 기울인다. 매 순간 자율신경이 안전한 초대 또는 경고의 신호를 주고받는다는 사실을 알면 힘이 되는 동시에 겸손함을 느끼게 된다. 자율신경계가 소통하는 방식을 곰곰이 생각해 보면 우리가 세상으로 내보내는 자율신경 정보에 주의를 기울이는 일이 얼마나 중요한지 이해할 수 있다.

상실에서 회복하기

—

건강하고 풍요로운 관계는 자연스럽게 상실의 순간으로 채워진다. 우리 또는 주변 사람들이 조절 상태에서 벗어나면 조율되지 않고 단절이 일어난다. 이런 관계의 균열은 정상적이며 관계에서 얼마든지 예측 가능한 부분이다. 이를 알아차리고, 이름 붙이고, 회복할 때 견고하고 회복력 있는 연결을 위한 기초가 만들어진다. 우리는 균열과 회복이 건강한 관계를 만들어 가는 공식임을 알고 있지만 그 과정에 항상 능숙하지는 않다. 상실의 순간을 해결하려면 균열을 알아차리고, 상대방과 함께 그것에 이름을 붙이고, 적절한 회복 방법을 찾아야 한다.

실습: 균열과 회복

관계의 균열을 알아차리지 못하고 거기에 이름을 붙이지 못하면, 그것들은 의식의 표면 아래에 머물면서 우리 관계의 이야기를 만들어 낸다. 이런 암묵적인 경험을 명시적인 자각으로 가져오려면 신경계가 어떻게 관계에 균열이 생겼다는 신호를 보내는지 알아야 한다. 알아차릴 수 없을 만큼 컸던 균열을 떠올리면서 그것에 귀 기울여 보라. 신경계가 당신에게 어떻게 알려주었는가? 그런 다음 더 작은 균열로 이동해 신호를 알아차려 보라. 마지막으로 다소 조율되지 않는 경험을 되돌아보고, 자신의 신경계가 더 미세한 메시지를 어떻게 전달했는지 알아보라.

균열의 신호를 알게 되었다면 양가감정을 느끼는 관계 또는 삶에서 연결하기 어려운 사람에 대해 생각해 보라. 관계의 균열이 일어났는데 인식하지 못한 적이 있는가? 균열을 알아차렸어도 상대방과 함께 그것에 이름을 붙이지 않으면, 그 경험은 말로 표현되지 않은 채로 남아서 우리 이야기를 채색하고 관계에 영향을 미친다. 조율되지 않는 메시지를 받고도 이를 공유하지 않으면 그것이 신경계에 자리를 잡아 관계 회복과 재연결을 불가능하게 한다.

균열을 알아차리고, 그것에 이름을 붙이고, 다른 사람과 공유하더라도 회복을 위한 마지막 단계를 밟지 않으면 그 순간의 고통이 고스란히 남게 된다. 이 전체 과정 중에서 첫 부분에만 참여하면 연결이 끊어진 채로 남아서 보이지 않거나 들리지 않는다는 느낌을 받는다. 균열을 알아차리고 그것에 이름을 붙인 다음 회복의 단계를 완료할 때 비로소 관계를 공고히 할 수 있다.

회복의 길은 신경계가 안내한다. 따라서 회복은 다양한 형태로 이루어질 수 있다. 균열을 해결하는 회복은 귀 기울이고 기꺼이 내어 주는 과정이며, 다시 연결될 때까지 그 과정에 머물러야 한다. 때로는 "미안해"라는 진심 어린 말 한마디로 충분할 때가 있지만 어떤 때는 말보다 행동이 필요한 순간이 있다. 서로 의논해서 다르게 행동하기 위한 계획을 세워야 할 수도 있고, 단지 책임의 인정과 변화의 의지가 필요할 수도 있다. 회복으로 가는 유일한 길은 없다. 오직 우리 신경계가 올바른 회복 방법이라고 말해 주는 길이 있을 뿐이다.

상실의 순간을 자각하고 연결로 되돌아가는 길을 찾는 게 중요하지만, 알아차리고 이름 붙이고 회복하는 일이 항상 동시에 일어나는 건 아니다. 우리는 알아차린 뒤 "방금 연결에서 벗어난 것 같아" 하고 이름 붙일 수 있다. 그런 다음 준비가 되었다면 회복할 수 있다. 다만 우리는 배 쪽 미주신경의 연결 상태에서만 회복할 수 있는데, 회복을 위해 알아차리는 그 순간에 충분히 조절되지 않을 수도 있다. 그럴 때는 균열에 이름을 붙이고, 상대방에게 자신이 아직 다음 단계인 회복으로 나아가기에 충분한 조절감을 느끼지 못하고 있음을 알리고, 조절감을 느낄 때 다시 돌아올 것을 약속할 수 있다. 또 어떤 때는 상대방의 자율신경이 우리의 제안을 받아들일 준비가 되어 있지 않을 수도 있다. 그럴 때는 상대방에게 균열이 생겼음을 알리고, 그들이 준비가 되었을 때 회복을 시작할 수 있다고 알릴 수 있다.

신경계에 상실의 순간을 간직하고 있으면 그것이 연결에 덧칠을 하고 만들어진 이야기가 종종 여러 관계에서 우리에게 영향을 미친다. 우리가 하나의 관계에서 배운 균열과 회복의 교훈은 자율신경에서 자동적으로 다른 관계로 전이된다. 때때로 이런 교훈은 부모, 형제자매, 친구, 동료와 같은 특정 범주에 국한되지만 어떤 때는 모든 관계에서 일반화되기도 한다. 이런 방식으로 균열과 회복의 교훈은 관계에 영향을 미칠뿐더러 주의하지 않으면 회복되지 않은 균열로부터 얻은 교훈이 세대를 넘어 전파되기도 한다. 관계의 균열과 관련된 부모의 자율신경 요구는 그들이 다른 사람들과 관계 맺는 방식에 영향을 미치고, 그런 관계의 규칙이 암묵적으로 자녀에게 전해진다.

이런 사람과 사람 사이의 연결과 단절, 재연결의 순간을 따라 우리는 일상에서 자연스럽게 일어나는 보편적인 자율신경의 대화에 시속적으로 참여한다. 배 쪽 미주신경의 조절 상태에 닻을 내리고 있을 때 우리는 그 에너지를 세상으로 내보낸다. 함께 살아가며 사랑하는 사람들, 함께 일하는 사람들, 공동체 사람들, 하루 중 그냥 스쳐 지나가는 사람들과의 연결 속에서 우리의 조절된 에너지가 심오한 영향을 미친다. 배 쪽 미주신경의 안전에 닻을 내리지 못한 날에는 세상을 살아가며 위험 신호를 내보낸다. 우리가 분노나 불안 상태를 부추기는 교감신경 상태에 있거나, 그저 움직이고 있지만 실제로는 현존하지 못한 채 등 쪽 미주신경 상태에 있으면, 주변 사람들이 이를 느끼고 그들의 자율신경 반응을 보이게 된다.

우리는 조절의 파도를 따라 움직이면서 세상에 환영의 메시지와 경고의 메시지를 보낸다. 일상에서 사람들과 우연히 마주치는 순간에도 우리의 보호 에너지가 느껴질 때 작은 균열이 일어난다. 그때마다 일상에서 무심코 지나쳤던 사람들과 다시 만나 연결되고 관계를 회복할 수는 없다. 대신 우리가 할 수 있는 일은 하루 중 배 쪽 미주신경의 조절 안에서 편안하게 머물던 때를 알아차리고, 그런 에너지를 의도적으로 내보내는 일을 자각하는 것이다. 이것은 사람과 사람 사이에서 일어나는 직접적인 대면 회복이 아닌 안전과 연결을 제공하는 보편적인 방식이다. 우리의 조절장애가 위험 신호를 내보내 다른 사람들의 자율신경계 흐름을 보호 상태로 옮겨 가게 할 수 있는 것처럼, 조절에 닻을 내리고 존재하는 것 역시 다른 사람의 자율신경계가 연결의 길을 찾도록 초대하는 충분한 신호가 될 수 있다.

연결의 공동체

—

우리 신경계는 연결을 추구하고 갈망한다. 우리는 일생을 살면서 상호조절할 기회를 찾는다. 신경계와 친숙해지고 조절에 닻을 내리는 법을 배움으로써 커다란 신체적·심리적 이로움을 얻을 수 있으며, 다른 사람들과 그런 경험을 나눌 때 더 큰 이로움을 누릴 수 있다. 웰빙을 위한 자율신경의 활동을 지원하려면 기꺼이 이 여정을 함께하려는 사람이 곁에 있으면 도움이 된다. 다미주신경 동료와 함께하면 좋다. 당신이 함께 탐구하길 원하고 많은 호기심을 가진 사람을 찾아보

라. 당신이 변화하는 모습을 지켜보고 당신의 새로운 이야기를 들어 줄 사람, 그리고 그들 스스로 자신이 어떻게 새로운 길을 만들어 가는지 지켜보게끔 당신의 도움을 필요로 하는 사람을 찾아보라. 누군가를 다미주신경 동료로 초대하는 일은 자신이 신경계에 관해 배운 것을 나누고 상대방도 그들의 신경계와 친숙해지도록 돕는 기회이다. 우리는 신경계의 렌즈를 통해 세상을 바라보는 경험을 나누고 서로의 자율신경 이야기에 귀 기울일 수 있다. 이런 다미주신경 파트너쉽은 깊이 귀 기울이는 경험, 그리고 연결 안에 존재함으로써 생겨나는 친밀감을 경험해 보라는 초대이다.

다미주신경 동료를 갖는 것 외에도 아주 작은 공동체를 만듦으로써 이로움을 얻을 수 있다. 소규모 공동체는 신경계 재구성 및 이야기다시 쓰기 여정을 지원하기 위해 의도적으로 모인 사람들로 구성된다. 이들은 우리를 배 쪽 미주신경으로 이끌어 주는 의지할 수 있는 사람들로서 우리의 반응 패턴을 알고, 우리의 성공을 축하하며, 우리의 반응 패턴이 변하기 시작할 때 함께 음미하고, 우리가 보호 패턴에 갇혀 있을 때를 인식할 수 있도록 도와준다. 그들은 우리가 계속해서 앞으로 나아갈 수 있도록 알맞은 방식으로 격려한다. 이를 위해 소규모 공동체 사람들은 신경계가 작동하는 방식을 근본적으로 이해하고, 신경계가 일상생활을 영위하는 데 사용하는 특정한 연결 패턴과 보호 패턴을 알아야 한다.

실습: 소규모 공동체 만들기

● **사람 모으기**

소규모 공동체를 만들 때 다음과 같은 질문을 생각해 보라.

- 주변 사람 중 누구를 공동체의 일원으로 초대하고 싶은가?
- 당신이 자율신경계를 재구성하고 이야기를 다시 쓰는 동안 안전에 닻을 내리고 머무는 능력을 지지하는 데 중요하다고 생각하는 사람의 자질은 무엇인가?
- 그들이 이미 신경계의 언어를 구사하고 있는가, 아니면 가르쳐 주어야 하는가?
- 자율신경 경로에 관해 배운 것 중 무엇을 공유할 수 있는가?
- 당신이 편안함에서 벗어난 순간을 인식할 수 있도록 그들에게 알려 주길 원하는 신호는 무엇인가?

● **구조 만들기**

소규모 공동체를 만든 후 그다음 단계는 공동체 구성원들과 상호작용할 구조를 만드는 것이다. 소규모 공동체는 연결을 위한 자율신경의 욕구를 충족시키며 다양한 방식으로 활용될 수 있다. 신경계에 귀 기울이고, 새로운 자율신경 경로를 탐색하고, 새로운 이야기를 체화하는 데 필요한 지지를 얻기 위해 소규모 공동체 사람들과 상호작용할 계획을 세워 보라. 이런 연결을 구조화하는 방법이 하나만 있는 것은 아니다. '올바른' 방법이란 자신의 신경계에 스트레스를 주지 않고 대신 스트레칭하도록 격려하는 소규모 공동체 사람들과의 연결을 만드는 것이다(8장에서 소개한 스트레칭-스트레스 연속선을 사용해 선택할 수 있다). 그렇게 하면 당신이 만든 소규모 공동체는 적절한 수준의 도전 거리를 제공함으로써 당신이 착지에 대한 지지를 받을 것임을 알고 계속해서 도약하도록 용기를 북돋아 줄 것이다. 소규모 공동체를 위한 구조를 만들려면 다음과 같은 질문을 생각해 보라.

- 선호하는 연결 방법은 무엇인가? 이메일이나 문자 메시지로 소통하는 것이 적절한 때와 상대방의 목소리를 듣고 얼굴을 보길 원하는 때는 언제인가?
- 어떤 연결 방식이 체계적이고 자양분을 준다고 느껴지는가? 그리고 어떤 방법이 너무 구조적이고 제한적이라고 느껴지는가?
- 얼마나 자주 자신의 공동체와 접촉하길 원하는가?

● 활성화하기

당신이 믿고 의지하기로 선택한 사람들을 모으고 그들과 안전하게 연결하는 데 필요한 것들을 알았다면, 이제 소규모 공동체를 활성화해 보라. 소규모 공동체를 시작하는 방법은 다양하다.

공동체의 출발을 기념하는 축하 행사를 열 수도 있고, 그간의 과정과 함께한 사람들에게 감사를 표현하는 조용한 시간을 가질 수도 있다. 내면을 돌아보는 시간을 가져 보자. 귀 기울여 듣고, 당신에게 적절하다고 느껴지는 방법을 찾아보라.

우리는 개인의 웰빙뿐만 아니라 인류 전체의 웰빙을 위해 서로 연결된다. 신경계는 인간 경험의 공통분모이며, 우리는 모두 같은 자율신경 경로를 따라 여행하고 있다는 사실을 기억하면 서로의 차이점을 극복하고 하나가 되는 데 도움이 된다. 공동체 정신을 뜻하는 우분투(Ubuntu)라는 단어는 남아프리카 줄루족의 경구인 'Umuntu Ngumuntu Ngabantu(사람은 다른 사람을 통해 온전한 한 사람이 된다)'에서 나왔다. 종종 이 말은 '우리가 있기에 내가 존재한다'라는 뜻으로 번역되기도 한다. 자율신경계의 렌즈를 통해 바라보면 우리가 연결을 위해 타고난 방식에서 우분투의 지혜를 느낄 수 있다.

연결의 공동체에 대한 탐구를 마치면서 영감을 얻기 위해 숲을 떠올려 보자. 나무는 숲의 신경계라고 불리는 것을 통해 생존을 위한 연결의 필요성을 보여 준다.[1] 한 그루의 나무는 다른 나무와 뿌리를 얽고, 공유된 뿌리 체계의 땅속 진균 망(Fungal Network)을 통해 이웃 나무와 연결되어 서로를 지지하는 네크워크를 만든다.[2] 우리처럼 나무도 공동체와 함께 번성한다. 한 그루의 나무는 땅속에서 주변 나무와 연결되어 있고, 두 그루의 나무는 뿌리를 얽고 함께 자라며, 작은 나무

숲이 모여 하늘 높이 뻗어 나간다. 당신이 공동체에 속해 있는 방식을 자각해 보라. 당신은 홀로 서 있을 수 있고, 다른 사람들과 연결될 수 있으며, 다미주신경 동료들과 상호작용할 수 있고, 소규모 공동체에 참여할 수도 있다. 이런 각각의 연결이 당신에게 자양분을 주는 방식을 음미해 보라.

결론

순간을 완성하고, 모든 단계에서 여정의 끝을 발견하고,
좋은 시간을 최대한 많이 살아가는 것이 지혜이다.
- 랄프 왈도 에머슨,《수필, 강의, 연설》

자율신경계의 눈으로 바라볼 때 우리는 세상의 양쪽 모두를 본다. 신경계가 어떻게 구성되어 있는지 알면 수치심과 비난에서 벗어나 일상을 살아가는 방식에 대해 책임감을 가질 수 있다. 우리는 연결 상태에서 벗어나 보호 상태로 움직일 수도 있고, 다시 배 쪽 미주신경으로 돌아가는 길을 찾을 수도 있다. 선택의 폭이 제한된 생존 상태에 갇혀 있기보다 호기심, 자비심, 자기자비에 연결될 때 삶은 확장성과 희망을 갖는다.

우리는 배 쪽 미주신경 에너지가 웰빙을 위한 필수 요소임을 알고 있다. 우리 신경계에 충분한 배 쪽 미주신경 에너지가 있고 그것이 활성화되었을 때 안전과 연결로 가는 길을 찾을 수 있다. 배 쪽 미주신경 에너지는 우리 신경계 안에서, 그리고 우리가 다른 사람들과 연결될 때 공동체 안에서 개별적으로 접근할 수 있다. 때로는 우리 스스로 자기조절을 통해 배 쪽 미주신경의 안전으로 되돌아가는 길을 찾

기도 하고, 어떤 때는 우리가 닻을 내리도록 도와줄 사람이 필요하기도 하다. 우리에게는 다양한 선택지가 있고 그때그때 적절한 자원을 얻을 수 있다. 자신의 길을 찾을 때마다 우리는 연결의 경로를 더 깊이 있게 만든다.

신경계의 능동적인 운영자로서 우리는 배 쪽 미주신경의 조절에 능숙하게 닻을 내리기 위해 노력하고 있다. 신경계는 매 순간 조형되고 재구성된다. 사회유전체학(Social Genomics) 분야는 우리가 세상을 지각하는 방식이 우리의 유전적 구조에 어떤 영향을 미치는지 잘 보여 준다. 신경지를 통해 받아들이는 안전과 위험의 신호가 우리의 생명 활동을 만든다.[1] 신경계는 주변 세상 및 다른 사람들과 지속적으로 대화를 나누고, 그 대화는 우리의 안전감과 웰빙에 영향을 미친다. 우리가 숨 쉴 때마다 배 쪽 미주신경 브레이크가 작동한다. 나는 의식의 표면 아래에서 움직이는 에너지와 그것이 어떻게 내 일상의 경험을 조형하는지를 생각할 때면 경이로움으로 가득 찬다.

우리의 여정은 새로운 방식으로 세상을 바라볼 수 있도록 닻을 내리는 일이다. 우리의 탐험은 자신이 살아온 역사와 자신의 신경계가 경험에 어떻게 반응하는지에 관한 것이다. 신경계의 렌즈를 통해 세상을 바라보는 일은 일상을 탐색하는 색다른 방법이며, 때때로 다른 사람들과 함께하면 더 수월하게 탐험할 수 있다. 연결에 대한 생물학적 갈망을 받아들이고, 신경계의 언어를 사용하는 공동체를 구축함으로써 우리는 새로운 방식으로 살아가기 위한 역량을 기를 수 있다. 뿐만 아니라 다른 사람들이 안전에 닻을 내리고 새롭게 세상을 바라보도록 도울 수 있다.

끝으로 양쪽 모두를 바라보는 힘을 인식하기 위해 자신의 조절에 책임감을 가지고 연결의 자율신경 경로를 여행하는 법을 배울 때, 우리는 자신의 경로를 조형하는 동시에 전 세계 공동체의 경로를 조형하게 된다. 배 쪽 미주신경의 안전에 닻을 내리고 다른 사람들을 다정하게 반겨 주는 경험 안에서, 우리는 한 번에 하나씩 신경계를 바꾸고 세상을 변화시킨다.

감사의 말

나는 트라우마 경험 이후에 안전한 삶으로 되돌아가는 방법을 찾는 사람들을 돕는 임상 업무와 나 자신의 삶에서 도전적인 과제를 극복하는 방법을 찾는 과정 모두에서, 우리 몸과 뇌가 작동하는 방식에 대해 호기심을 가지고 있었다. 나는 인간이 어떻게 만들어져 있는지 깊이 이해하고 싶었다. 그래서 신경과학을 공부했고, 심지어 인간의 뇌가 어떻게 구성되어 있는지 알아보기 위해 조직학 연구실에서 시간을 보내기도 했다. 그런데 다미주신경 이론을 알게 되면서 내가 하는 일과 나 자신을 이해하고 세상을 살아가는 방식이 달라졌다. 나는 스티븐 포지스 박사에게 배우고 함께 일할 수 있는 좋은 기회를 얻었으며 그와 깊은 우정을 나누었다. 그의 명석한 두뇌와 너른 마음은 귀한 성품이며, 내 인생에서 그의 존재는 큰 선물과도 같다.

이 책을 쓰는 것은 내게 익숙한 임상 세계에서 한 발짝 벗어나는 일이었다. 그런 까닭에 책을 쓰는 동안 호기심 많은 동료를 위해 글을 쓰는 기쁨과 적절한 단어를 찾는 일의 어려움을 동시에 경험했다. 때로는 친구에게 이야기하는 듯한 기분으로 글이 저절로 써지기도 했고, 어떤 때는 애써 노력해도 적당한 말을 찾을 수 없었다. 글쓰기가 너무 어려워지고 적당한 말을 찾을 수 없을 때면 예상대로 친구들이 나타나서 내게 배 쪽 미주신경의 생명줄을 던져 주었다. 몇 달에 걸쳐 책을 쓰면서, 비록 글은 나 혼자 쓰고 있지만 지혜롭고 멋진 사람들의 연결 안에서 지지받고 있음을 반복적으로 떠올렸다.

내게 조언해 주고 글을 쓰는 데 임상 경험을 나누어 준 동료들, 실습에 생동감을 불어넣어 줄 이야기를 기꺼이 나눠 준 친구들에게 감사의 말을 전하고 싶다. 특히 아름다운 작품을 공유해 준 친구 게리 화이티드와 글 쓰는 동안 내 신경계가 스트레칭할 수 있도록 지지해 준 사운즈 트루 출판사의 아나스타샤 펠로우코드, 캐롤라인 핀커스에게 감사의 말을 전한다. 언제나 그렇듯이 나의 모든 글쓰기 모험에서 곁을 지켜 주고, 내가 배 쪽 미주신경의 편안함으로 가는 길을 알고 있음을 상기시켜 준 남편 밥에게 사랑의 마음을 보낸다.

이 책에는 신경계와 친숙해지는 과정이 일상이 되고, 다미주신경 이론의 언어가 어디서나 편안하게 통용되길 바라는 나의 마음이 녹아 있다. 배 쪽 미주신경에서 영감을 얻은 이 모험에 함께해 준 독자들에게 깊이 감사하며, 여러분의 앞날을 밝혀 줄 작은 희망의 빛을 보낸다.

미주

3장 신경계에 귀 기울이기

1   《나를 사랑하기로 했습니다》, 크리스틴 네프·크리스토퍼 거머, 이너북스, 2020.

2   Brenda Ueland, "Tell Me More," Ladies' Home Journal (November 1941).

3   *Merriam-Webster*, s.v. "listen," accessed August 31, 2020, merriam-webster. com/dictionary/listen.

4장 나, 타인, 세상, 영혼과 연결하기

1   Theodosius Dobzhansky, *Mankind Evolving* (New Haven: Yale University Press, 1962), 150 – 52.

2   Marjorie Beeghly and Ed Tronick, "Early Resilience in the Context of Parent-Infant Relationships: A Social Developmental Perspective," *Current Problems in Pediatric and Adolescent Health Care* 41, no. 7 (2011): 197 – 201, doi. org/10.1016/j.cppeds.2011.02.005.

3   Sebern F. Fisher, *Neurofeedback in the Treatment of Developmental Trauma: Calming the Fear-Driven Brain* (New York: W. W. Norton & Company, 2014).

4   John T. Cacioppo and Stephanie Cacioppo, "Social Relationships and Health: The Toxic Effects of Perceived Social Isolation," *Social and Personality Psychology* Compass 8, no. 2 (2014): 58 – 72, doi.org/10.1111/spc3.12087.

5   Jenny De Jong Gierveld and Theo Van Tilburg, "The De Jong Gierveld Short Scales for Emotional and Social Loneliness: Tested on Data from 7 Countries

in the UN Generations and Gender Surveys," *European Journal of Ageing* 7, no. 2 (September 2010): 121 – 30, doi .org/10.1007/s10433 -010 -0144 -6; Jingyi Wang et al., "Associations Between Loneliness and Perceived Social Support and Outcomes of Mental Health Problems: A Systematic Review," *BMC Psychiatry* 18, no. 1 (2018), doi.org/10.1186/s12888 -018 -1736 -5; Adnan Bashir Bhatti and Anwar ul Haq, "The Pathophysiology of Perceived Social Isolation: Effects on Health and Mortality," *Cureus* (2017), doi.org/10.7759/ cureus.994.

6   Marinna Guzy, "The Sound of Life: What Is a Soundscape?" Smithsonian Center for Folklife and Cultural Heritage, 2017, folklife.si.edu/talkstory /the - sound -of -life -what -is -a -soundscape.

7   Guzy, "Sound of Life."

8   Alan S. Cowen et al., "Mapping 24 Emotions Conveyed by Brief Human Vocalization," *American Psychologist* 74, no. 6 (2019): 698 – 712, doi. org/10.1037/amp0000399; Emiliana R. Simon -Thomas et al., "The Voice Conveys Specific Emotions: Evidence from Vocal Burst Displays," *Emotion* 9, no. 6 (2009): 838 – 46, doi.org/10.1037 /a0017810.

9   Louise C. Hawkley and John T. Cacioppo, "Loneliness Matters: A Theoretical and Empirical Review of Consequences and Mechanisms," *Annals of Behavioral Medicine* 40, no. 2 (2010): 218 – 27, doi.org/10.1007 /s12160 -010 - 9210 -8; John T. Cacioppo and Stephanie Cacioppo, "Social Relationships and Health."

10   John T. Cacioppo, James H. Fowler, and Nicholas A. Christakis, "Alone in the Crowd: The Structure and Spread of Loneliness in a Large Social Network,"

Journal of Personality and Social Psychology 97, no. 6 (2009): 977 – 91, doi.
org/10.1037/a0016076.

11   Mary Elizabeth Hughes et al., "A Short Scale for Measuring Loneliness
      in Large Surveys," *Research on Aging* 26, no. 6 (2004): 655 – 72, doi.org
      /10.1177/0164027504268574.

12   David Steindl-Rast, *May Cause Happiness: A Gratitude Journal* (Boulder, CO:
      Sounds True, 2018), unnumbered pages (approximately p. 41).

7장 안전에 닻 내리기

1   Ulf Andersson and Kevin J. Tracey, "A New Approach to Rheumatoid
      Arthritis: Treating Inflammation with Computerized Nerve Stimulation,"
      Cerebrum: The Dana Forum on Brain Science (2012): 3; M. Rosas-Ballina et
      al., "Acetylcholine-Synthesizing T Cells Relay Neural Signals in a Vagus
      Nerve Circuit," Science 334, no. 6052 (2011): 98 – 101, doi.org/10.1126/
      science.1209985; Vitor H. Pereira, Isabel Campos, and Nuno Sousa, "The Role
      of Autonomic Nervous System in Susceptibility and Resilience to Stress,"
      Current Opinion in Behavioral Sciences 14 (2017): 102 – 7, doi.org/10.1016
      /j.cobeha.2017.01.003; Rollin McCraty and Maria A. Zayas, "Cardiac
      Coherence, Self-Regulation, Autonomic Stability, and Psychosocial Well-
      Being," *Frontiers in Psychology* 5 (2014), doi.org/10.3389 /fpsyg.2014.01090;
      Stephen W. Porges and Jacek Kolacz, "Neurocardiology Through the Lens
      of the Polyvagal Theory," in *Neurocardiología: Aspectos Fisiopatológicos e
      Implicaciones Clínicas*, ed. Ricardo J. Gelpi and Bruno Buchholz (Barcelona:
      Elsevier, 2018); Jennifer E. Stellar et al., "Affective and Physiological Responses
      to the Suffering of Others: Compassion and Vagal Activity," *Journal of
      Personality and Social Psychology* 108, no. 4 (2015): 572 – 85, doi.org/10.1037/
      pspi0000010.

2   Bethany E. Kok et al., "How Positive Emotions Build Physical Health," *Psychological
      Science* 24, no. 7 (June 2013): 1123 – 32, doi.org/10.1177/0956797612470827.

3   Andrea Sgoifo et al., "Autonomic Dysfunction and Heart Rate
      Variability in Depression," Stress 18, no. 3 (April 2015): 343 – 52, doi.

org/10.3109/10253890.2015 .1045868; Gail A. Alvares et al., "Reduced Heart Rate Variability in Social Anxiety Disorder: Associations with Gender and Symptom Severity," *PLOS ONE* 8, no. 7 (2013), doi.org/10.1371/ journal.pone.0070468; Angela J. Grippo et al., "Social Isolation Disrupts Autonomic Regulation of the Heart and Influences Negative Affective Behaviors," *Biological Psychiatry* 62, no. 10 (2007): 1162 –70, doi.org/10.1016/ j.biopsych.2007.04.011; Bethany E. Kok and Barbara L. Fredrickson, "Upward Spirals of the Heart: Autonomic Flexibility, as Indexed by Vagal Tone, Reciprocally and Prospectively Predicts Positive Emotions and Social Connectedness," *Biological Psychology* 85, no. 3 (2010): 432 –36, doi. org/10.1016/j .biopsycho.2010.09.005; Fay C. M. Geisler et al., "The Impact of Heart Rate Variability on Subjective Well- Being Is Mediated by Emotion Regulation," *Personality and Individual Differences* 49, no. 7 (2010): 723 –28, doi.org/10.1016/j.paid.2010.06.015.

4 Fred B. Bryant, Erica D. Chadwick, and Katharina Kluwe, "Understanding the Processes That Regulate Positive Emotional Experience: Unsolved Problems and Future Directions for Theory and Research on Savoring," *International Journal of Wellbeing* 1, no. 1 (2011), doi .org/10.5502/ijw.v1i1.18; Paul E. Jose, Bee T. Lim, and Fred B. Bryant, "Does Savoring Increase Happiness? A Daily Diary Study," *Journal of Positive Psychology* 7, no. 3 (2012): 176 –87, doi. org/10.1080/17439760.2012 .671345; Jennifer L. Smith and Fred B. Bryant, "Savoring and Well-Being: Mapping the Cognitive-Emotional Terrain of the Happy Mind," *The Happy Mind: Cognitive Contributions to Well-Being* (2017): 139 –56, doi.org /10.1007/978-3-319-58763-9_8.

8장 신경계 조형하기

1 Richard P. Brown and Patricia L. Gerbarg, "Sudarshan Kriya Yogic Breathing in the Treatment of Stress, Anxiety, and Depression: Part I — Neurophysiologic Model," *Journal of Alternative and Complementary Medicine* 11, no. 1 (2005): 189 –201, doi.org/10.1089/acm.2005.11.189; Ravinder Jerath et al., "Physiology of Long Pranayamic Breathing: Neural Respiratory Elements May Provide a Mechanism That Explains How Slow Deep

Breathing Shifts the Autonomic Nervous System," *Medical Hypotheses* 67, no. 3 (2006): 566 – 71, doi.org/10.1016/j .mehy.2006.02.042; Marc A. Russo, Danielle M. Santarelli, and Dean O'Rourke, "The Physiological Effects of Slow Breathing in the Healthy Human," *Breathe* 13, no. 4 (2017): 298 – 309, doi.org/10.1183/20734735.009817; Bruno Bordoni et al., "The Influence of Breathing on the Central Nervous System," *Cureus* (January 2018), doi. org/10.7759/cureus.2724.

2   Elke Vlemincx et al., "Respiratory Variability Preceding and Following Sighs: A Resetter Hypothesis," *Biological Psychology* 84, no. 1 (2010): 82 – 87, doi. org/10.1016/j. biopsycho.2009.09.002; Elke Vlemincx, Ilse Van Diest, and Omer Van den Bergh, "A Sigh Following Sustained Attention and Mental Stress: Effects on Respiratory Variability," *Physiology & Behavior* 107, no. 1 (2012): 1 – 6, doi.org/10.1016/j.physbeh.2012.05.013; Evgeny G. Vaschillo et al., "The Effects of Sighing on the Cardiovascular System," *Biological Psychology* 106 (2015): 86 – 95, doi.org/10.1016/j.biopsycho.2015.02.007.

3   India Morrison, Line S. Löken, and Håkan Olausson, "The Skin as a Social Organ," *Experimental Brain Research* 204, no. 3 (2009): 305 – 14, doi. org/10.1007 /s00221 –009 –2007 –y; Mariana von Mohr, Louise P. Kirsch, and Aikaterini Fotopoulou, "The Soothing Function of Touch: Affective Touch Reduces Feelings of Social Exclusion," *Scientific Reports* 7, no. 1 (2017), doi.org/10.1038/s41598 –017 –13355 –7; Evan L. Ardiel and Catharine H. Rankin, "The Importance of Touch in Development," *Paediatrics & Child Health* 15, no. 3 (2010): 153 – 56, doi.org/10.1093/pch/15.3.153; Tiffany Field, "Touch for Socioemotional and Physical Well-Being: A Review," *Developmental Review* 30, no. 4 (2010): 367 – 83, doi.org/10.1016/ j.dr.2011.01.001; Chigusa Yachi, Taichi Hitomi, and Hajime Yamaguchi, "Two Experiments on the Psychological and Physiological Effects of Touching — Effect of Touching on the HPA Axis –Related Parts of the Body on Both Healthy and Traumatized Experiment Participants," *Behavioral Sciences* 8, no. 10 (2018): 95, doi.org/10.3390/bs8100095.

4   B. Spitzer and F. Blankenburg, "Stimulus –Dependent EEG Activity Reflects Internal Updating of Tactile Working Memory in Humans," *Proceedings of the National Academy of Sciences* 108, no. 20 (February 2011): 8444 – 49, doi.

org/10.1073/pnas.1104189108; Charité −Universitätsmedizin Berlin, ed., "How a Person Remembers a Touch," ScienceDaily (2011), sciencedaily .com/ releases/2011/05/110510101048.htm.

9장 이야기 다시 쓰기

1 Muriel A. Hagenaars, Rahele Mesbah, and Henk Cremers, "Mental Imagery Affects Subsequent Automatic Defense Responses," *Frontiers in Psychiatry* 6 (March 2015), doi.org/10.3389/fpsyt.2015.00073.

10장 자기초월의 경험

1 Paul K. Piff et al., "Awe, the Small Self, and Prosocial Behavior," *Journal of Personality and Social Psychology* 108, no. 6 (2015): 883 −99, doi.org/10.1037/ pspi0000018; Sara B. Algoe and Jonathan Haidt, "Witnessing Excellence in Action: The 'Other−Praising' Emotions of Elevation, Gratitude, and Admiration," *Journal of Positive Psychology* 4, no. 2 (2009): 105 −27, doi. org/10.1080 /17439760802650519; David Bryce Yaden et al., "The Varieties of Self−Transcendent Experience," *Review of General Psychology* 21, no. 2 (2017): 143 −60, doi.org /10.1037/gpr0000102; Dacher Keltner and Jonathan Haidt, "Approaching Awe, a Moral, Spiritual, and Aesthetic Emotion," *Cognition and Emotion* 17, no. 2 (2003): 297 −314, doi.org/10.1080/02699930302297.

2 Robert A. Emmons and Robin Stern, "Gratitude as a Psychotherapeutic Intervention," *Journal of Clinical Psychology* 69, no. 8 (2013): 846 −55, doi. org/10.1002 /jclp.22020.

3 Walter T. Piper, Laura R. Saslow, and Sarina R. Saturn, "Autonomic and Prefrontal Events During Moral Elevation," *Biological Psychology* 108 (2015): 51 −55, doi.org/10.1016/j.biopsycho.2015.03.004.

4 Adam Maxwell Sparks, Daniel M. T. Fessler, and Colin Holbrook, "Elevation, an Emotion for Prosocial Contagion, Is Experienced More Strongly by Those with Greater Expectations of the Cooperativeness of Others," *PLOS ONE* 14,

no. 12 (April 2019), doi.org/10.1371 /journal.pone.0226071.

5   James N. Kirby et al., "The Current and Future Role of Heart Rate Variability for Assessing and Training Compassion," *Frontiers in Public Health* 5 (March 2017), doi.org/10.3389/fpubh.2017.00040.

6   Jennifer L. Goetz, Dacher Keltner, and Emiliana Simon-Thomas, "Compassion: An Evolutionary Analysis and Empirical Review," *Psychological Bulletin* 136, no. 3 (2010): 351 –74, doi.org/10.1037/a0018807; Jennifer E. Stellar et al., "Affective and Physiological Responses to the Suffering of Others: Compassion and Vagal Activity," *Journal of Personality and Social Psychology* 108, no. 4 (2015): 572 –85, doi.org/10.1037/pspi0000010; Peggy A. Hannon et al., "The Soothing Effects of Forgiveness on Victims' and Perpetrators' Blood Pressure," *Personal Relationships* 19, no. 2 (2011): 279 –89, doi.org/10.1111/ j.1475-6811.2011.01356.x.

7   Charlotte van Oyen Witvliet, Thomas E. Ludwig, and Kelly L. Vander Laan, "Granting Forgiveness or Harboring Grudges: Implications for Emotion, Physiology, and Health," *Psychological Science* 12, no. 2 (2001): 117 –23, doi. org/10.1111/1467-9280.00320.

8   Loren Toussaint et al., "Effects of Lifetime Stress Exposure on Mental and Physical Health in Young Adulthood: How Stress Degrades and Forgiveness Protects Health," *Journal of Health Psychology* 21, no. 6 (2014): 1004 –14, doi. org/10.1177/1359105314544132; Everett L. Worthington Jr. and Michael Scherer, "Forgiveness Is an Emotion-Focused Coping Strategy That Can Reduce Health Risks and Promote Health Resilience: Theory, Review, and Hypotheses," *Psychology & Health* 19, no. 3 (2004): 385 –405, doi.org /10.1080/0887044042000196674; Kathleen A. Lawler et al., "A Change of Heart: Cardiovascular Correlates of Forgiveness in Response to Interpersonal Conflict," *Journal of Behavioral Medicine* 26, no. 5 (2003): 373 –93, doi. org/10.1023/a:1025771716686.

12장 공동체 만들기

1   Valentina Lagomarsino, "Exploring the Underground Network of Trees —

The Nervous System of the Forest," May 6, 2019, sitn.hms.harvard.edu/ flash/2019/exploring-the-underground-network-of-trees-the-nervous-system-of-the-forest/.

2   Diane Toomey, "Exploring How and Why Trees 'Talk' to Each Other," Yale Environment 360, September 1, 2016, e360.yale.edu/features/exploring_how_and_why_trees_talk_to_each_other.

결론

1   G. M. Slavich and S. W. Cole, "The Emerging Field of Human Social Genomics," *Clinical Psychological Science* 1, no. 3 (2013): 331 –48.

내 삶에 유연하게
대처하는 법

다미주신경
이론

2023년 8월 30일 초판 1쇄 발행
2023년 12월 13일 초판 2쇄 발행

지은이 뎁 다나 • 옮긴이 박도현
발행인 박상근(至弘) • 편집인 류지호 • 상무이사 김상기 • 편집이사 양동민
책임편집 양민호 • 편집 김재호, 김소영, 최호승, 하다해 • 디자인 쿠담디자인
제작 김명환 • 마케팅 김대현, 이선호 • 관리 윤정안
콘텐츠국 유권준, 정승채, 김희준
펴낸 곳 불광출판사 (03169) 서울시 종로구 사직로10길 17 인왕빌딩 301호
　　　　대표전화 02) 420-3200 편집부 02) 420-3300 팩시밀리 02) 420-3400
　　　　출판등록 제300-2009-130호(1979. 10. 10.)

ISBN 979-11-92997-82-7 (03470)

값 20,000원